YAMAHA
XT 600 Ténéré
XT 600
ab Baujahr 1983

Ein Wort zuvor

1983 präsentiert Yamaha den Nachfolger der XT 550, die Yamaha XT 600 Z TENERE. Vom Vorgänger übernommen wird das bewährte Motorgrundkonzept mit Vierventilkopf und über Zahnräder angetriebene Ausgleichswelle, sowie die Auslegung des Motors als mittragendes Rahmenbauteil. Neu ist die Mono-Cross-Schwinge mit progressiv wirkender Umlenkhebelei und zeitgemässer Scheibenbremse am Vorderrad. Der Rahmen dient nicht mehr als Ölreservoir, sondern es ist ein separater Öltank vorgesehen. Dank 28-Liter-Spritfass und überschaubarer Technik stellt sie den Prototyp der Langstrecken-Enduros dar, an der sich die Konkurrenz messen lassen muss. Die 1984 nachgereichte abgespeckte «normale» XT 600 mit 11,5-Liter-Tank

Die Ur-TENERE, wie sie von 1983 bis 1985 verkauft wurde

Charakteristisch der Ölkühler...

...Trommelbremse und Alu-Schwinge

spricht Enduristen an, die auch in schwererem Gelände ihrem Hobby frönen.

Nichts ist so gut, als dass es sich nicht noch verbessern liesse, sagten sich die Yamaha-Techniker und trimmen die TENERE weiter in Richtung Reise-Schiff: Die '86er TENERE (Typ 1VJ) verfügt allen Puristen zum Graus über einen E-Starter und Scheibenbremse nun auch am Hinterrad (ab

Bj. '87). Hat man sich jedoch einmal an das kleine Knöpfchen am rechten Lenkergriff gewöhnt, mag man es nicht mehr missen, besonders nach einem Ausrutscher, wenn es heisst, den 600er Ballermann mit angeschlagenen Knochen wieder zum Leben zu erwecken...

Um die erhöhten Gestehungskosten wenigstens zum Teil wieder aufzufangen, wird die Schwinge aus Stahl hergestellt. Der auswaschbare Schaumstoff-Luftfilter mit erhöhtem Volumen wandert unter den Tank. Der beim Vorgängermodell noch links hinten angebrachte Öltank, der vor allem bei voll bepackter Maschine die Ölkontrolle in Arbeit ausarten liess, findet ein neues Plätzchen unter dem rechten Seitendeckel. Auch der Ölkühler findet einen günstigeren Arbeitsplatz rechts vor dem Zylinderkopf. Mehr der Mode fetter Reifen gehorchend, wandert die Kettenlinie 10 mm weiter nach aussen, was eine Änderung des linken Unterzugs zum Schwingenlager hin notwendig macht. Also aufgepasst beim Gebrauchtmotorkauf, Motoren bis Bj. '85 (Bj. '86 XT 600) passen nicht in Rahmen ab Bj. '86. Kennzeichnend für die älteren Motoren ist die Kettenritzel-Befestigung: zwei SW 10-Schrauben verbinden das Sicherungsblech mit dem Ritzel, während bei der neueren Ausführung das Ritzel mittels einer Mutter SW 30 auf der Welle gehalten wird.

Weitere motorseitige Änderungen betreffen die Anpassung der Ventilgrössen an Yamahas Strassen-Super-Single SRX 600: die Ventile wachsen um 1 mm auf Einlass 37 mm, Auslass 32 mm,

1984 schob Yamaha eine abgespeckte «normale» XT 600 nach

**Ein Bulle von einer Enduro: '86er TENERE'
mit E-Starter...**

und der Hubzapfen der Kurbelwelle legt auch noch einen Millimeter zu.

Der Sekundärvergaser weist ebenfalls einen Millimeter mehr Durchmesser auf und misst nun 28 mm. Der Unterdruck-Kolben des Vergasers ist mit einer Membran versehen. Damit steigt die Leistung von 44 auf 46 PS.

Teils um das Mehrgewicht des E-Starters wieder aufzufangen, teils um dem unter dem Tank plazierten Luftfiltergehäuse Platz zu machen, fasst der Tank «nur» noch 23 Liter Sprit. Der Tank zieht sich, um den Schwerpunkt günstiger, d. h. niedriger zu legen, seitlich tief um den Zylinderkopf herum. Dadurch wandert das Spritniveau der letzten drei bis vier Liter unter Schwimmerniveau, was eine Benzinpumpe notwendig macht. Yamaha löste das Problem jedoch recht elegant mit einer durch die Unterdruck-Schwingungen des Einlasstrakts gesteuerten Pumpe, die durch Unauffälligkeit glänzt und zudem sehr leicht ist.

Vor allem der tief heruntergezogene Tank in Verbindung mit dem direkt vor dem Zylinder liegendem Kotflügel bescherten so manchem TENERE-Kolben dieser Baureihe den frühzeitigen Hitzetod. Yamaha begegnete diesem Problem mit einer üppigeren Vergaserbedüsung und somit besserer Innenkühlung, der gute Ruf war jedoch dahin. Auch die ab Bj. '87 verwendeten künstlich gealterten Zylinder, deren Gewinde versprödeten und so die Zylinderkopfschrauben ausrissen, weil sie dem Verbrennungsdruck nicht standhielten, machten Nachbesserungen in den Yamaha-Werkstätten notwendig. Dort wurden die Gewinde tiefer geschnitten (von 20 mm auf 40 mm) und mit Einsätzen versehen. Die hohe Öltemperatur zeigte auch Wirkung im Getriebe: das Zahnrad-

**...neuer
Scheibenbremse...**

**...und neuem
Ölkühler**

paar des fünften Ganges wies erhöhten Verschleiss (Pittingbildung) auf, der gar nicht zum in früheren Jahren erworbenen Ruf passte.

Nach diesem unglücklichen Einbruch steht für das Modelljahr '88 (Typ 3AJ) eine Komplett-Renovierung der TENERE an: Um den Wärmehaushalt ins Lot zubringen, ist der Vorderrad-Kotflügel direkt über dem Reifen angebracht, was auch das Enduro-typische Hochgeschwindigkeitspendeln mindert, und die Tankunterseite ist entsprechend als Kühlluftleiter ausgebildet. Die beim Vormodell nachträglich verlängerten Zylinderkopfschrauben und Gewinde sind jetzt serienmässig verbaut.

Um dem Getriebe wieder Manieren beizubringen, ist der Ölkreislauf abgeändert.

Auffälligste Änderung ist jedoch die rahmenfeste Halbverkleidung mit dem martialischen Doppelscheinwerfer und keckem Windschildchen.

1989 erfährt der Typ 3AJ eine Änderung des Primärtrieb-Übersetzungsverhältnisses von 31/74 auf 34/71, wodurch sich die Getriebe-Drehzahl erhöht, die Belastung jedoch sinkt. Die Gesamtübersetzung bleibt durch Änderung des Sekundär-Übersetzungverhältnisses von 15/45 auf 15/40 gleich. Der Ölkühler ist doppelt so gross wie am Vorjahresmodell.

Tiefgreifende Änderungen erfährt das Schwestermodell XT 600 nur 1987 (Typ 2NF/20 kW bzw. 2KF/32 kW), als es ausstattungsmässig (Scheibenbremse hinten) und technisch (Ventile und Vergaser) der '86er TENERE, Typ 1VJ, angeglichen wird, wobei dies nicht zu dem bei der TENERE auftretenden Wärme-Stau führt, da der

1988 spendiert Yamaha eine rahmenfeste Verkleidung. Das Vorderradschutz-«Blech» wandert nach unten

Auch die XT 600 wird mit hinterer Scheibenbremse aufgewertet

Tankinhalt lediglich auf 13 Liter wächst und dem Motor der Zugang zur Kühlluft erhalten bleibt.
Ab 1988 werden wie bei der TENERE die längeren Zylinderkopfschrauben verbaut.
Sämtliche Modifikationen sind in dieser Reparaturanleitung berücksichtigt, sofern sie Auswirkung auf Montageanweisungen haben.

Auch wenn die TENERE heute nicht mehr in allen Disziplinen die Standards setzt, so ist der Biss und Durchzug aus niedersten Drehzahlen immer noch vorbildlich. Und gepaart mit der einfachen Wartung des luftgekühlten Einzylinders erfüllt sie heute noch in der Summe ihrer Eigenschaften die Ansprüche erfahrener Motorrad-Weltenbummler.

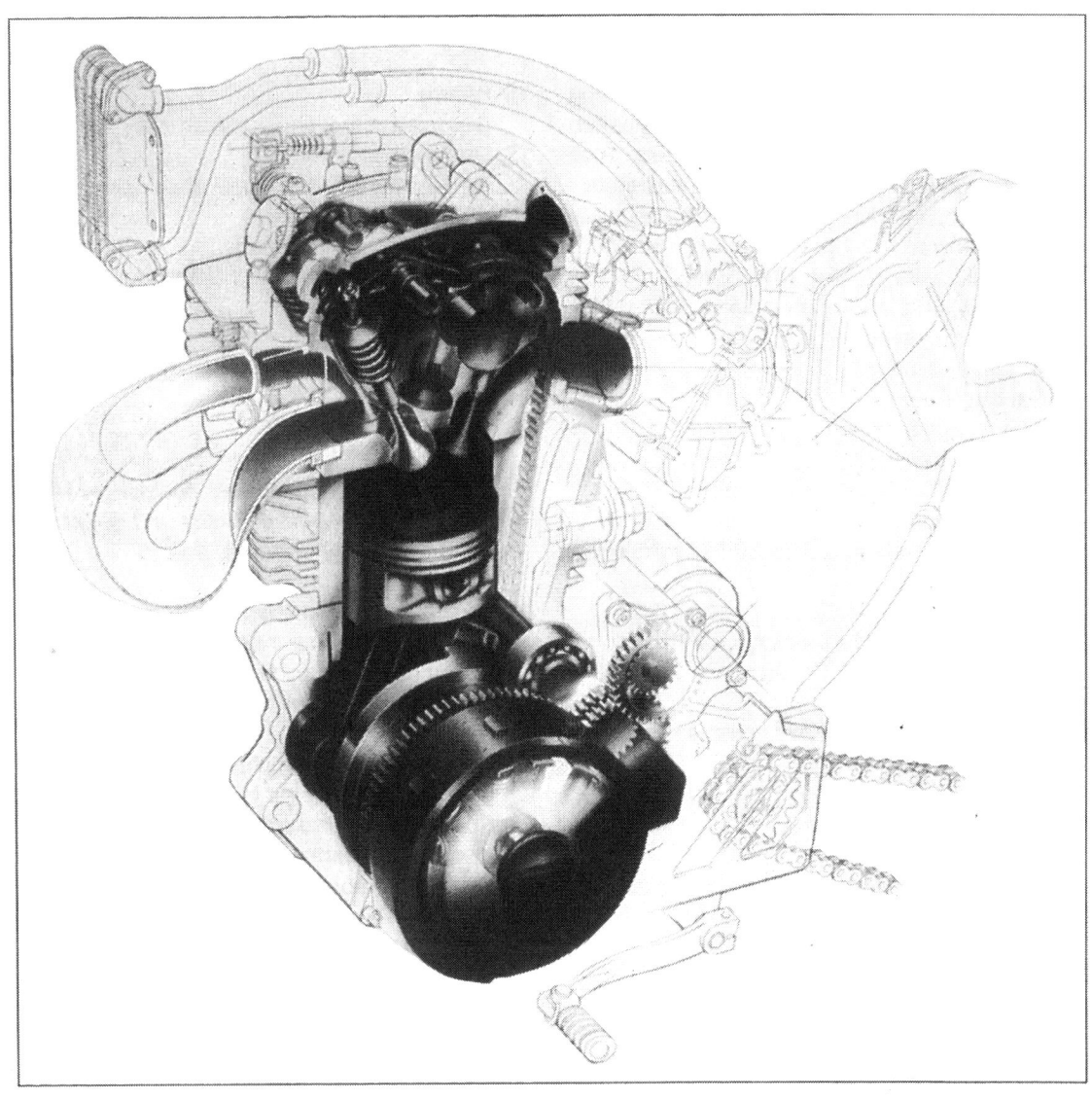

1 Werkzeug

Das mit der Maschine gelieferte Bordwerkzeug können wir für umfangreichere Wartungsarbeiten oder gar Motorüberholungen vergessen. Also muss passendes Qualitätswerkzeug selbst besorgt werden, mit dem der Freizeit-Mechaniker seine Maschine mit Spass bei der Arbeit in Schuss halten kann. Hier eine Aufstellung von Werkzeugen, über die der engagierte Hobby-Mechaniker verfügen sollte:

1 Gabelschlüssel
(kompletter Satz ab 6/7 bis 30/32)
2 Ringschlüssel
(abgekröpft, kompletter Satz ab 6/7)
3 Steckschlüssel
(kompletter Satz ab 8/9 bis 20/22 und SW 30, 32, 36!)
4 Innensechskantschlüssel
(kompletter Satz 2–8 mm, abgewinkelt)
5 Schraubenzieher für Schlitzschrauben
(ein kompletter Satz)
6 Schraubenzieher für Kreuzschlitzschrauben
(ein kompletter Satz)
7 Schlosserhämmer
(200 g, 500 g, 1000 g)
8 Meissel
(ein Satz = Meissel, Durchtreiber, Körner)
9 Stroboskoplampe
(Zündungskontrolle)
10 Feilen und Ölstein
(je ein Satz)
11 Flachschaber
(verschiedene Klingenbreiten, im Durchschnitt 23 mm)
12 Einen Dreikant-Schaber
(ein Löffelschaber ist nicht unbedingt erforderlich)
13 Zangen
(Kombi-, Wasserpumpen-, kleine Flachspitz-, Rundspitz-Seegerring innen und aussen, Grip-Zange)
14 Einen isolierten Seitenschneider
15 Schlagschraubenzieher
(mit kompletten Schraubendreh-Einsätzen, Schlitz-, Kreuzschlitz- und Innensechskant-Einsätze)

16 Knarre
(komplett mit allen Einsätzen s. o. 15)
17 Drehmomentschlüssel
(5–60 Nm/60–300 Nm, dazu alle nötigen Werkzeuge und Nüsse)
18 Gewindeschneid-Ausrüstung
(komplett mit Lehre und Schneider)
19 Helicoil-Ausrüstung
20 Elektrische Bohrmaschine
(komplett mit Ausrüstung, inklusive Ständer)
21. Schraubstock
22 Werkbank

Das *könnte* genügen, aber der sichere Mann treibt die Freude noch weiter und gönnt sich noch andere gute Sachen.

23 Verschiedene Abzieher, von denen der wichtigste ein einfacher zweiarmiger ist.
24 Lötlampe mit verschiedener Ausrüstung
25 Elektrische Heizplatte (ca. 25 cm Durchmesser)
26 Schiebelehre (Messschieber) und Messuhr
(letztere komplett mit Halter)
27 Schraubzwingen zum Festhalten von Teilen
28 Ventilfeder-Spanner
29 Kolbenring-Spannzange
30 Lötkolben
(verschiedene Grössen – 30, 80, 150 Watt)
31 Für die Elektrik: Prüflampe, Ohm-Meter, Volt-Meter, Säureprüfer

Dermassen ausgerüstet, bereitet es auch keine Schwierigkeiten, sich aus den Beständen des nächstgelegenen Schrotthändlers Abzieher, Abdrücker oder Spezialdorne und -halter zu konstruieren. Nützlich ist in dem Fall auch noch ein Schleifbock. Eine Motorradhebebühne stellt ebenfalls eine nicht zu unterschätzende Arbeitserleichterung dar. Auf die Reifenmontage wird hier nicht eingegangen, da der Reifenhändler erstens die schönen Alu-Felgen Ihrer TENERE schonender behandelt, als dies bei einem Reifenwechsel in Eigenregie vonstatten geht, und zweitens auch für die richtige Auswuchtung (dynamisch) zuständig ist.

2 Störungssuche

Yamahas TENERE bzw. XT 600 darf als ausgereiftes Motorrad gelten, denn der Motor hat seine Bewährungsprobe nicht nur in Dauertests der Fachpresse, sondern auch in Kundenhand bestanden, sieht man von den im Vorwort besprochenen Ausreissern ab. Störungen sind also nicht zu erwarten, doch der Teufel ist ein Eichhörnchen. Die folgende Liste soll helfen, Fehler zu lokalisieren.

2.1 Schmiersystem

2.1.1 Ölstand zu niedrig, hoher Ölverbrauch

● Öl läuft aus, Dichtungen lassen durch
● Kolbenringe verschlissen
● Ventilführungen oder Schaftdichtringe abgenutzt

2.1.2 Öl verschmutzt

● Öl oder Ölfilter nicht rechtzeitig gewechselt
● Zylinderkopfdichtung schadhaft
● Kolbenringe verschlissen

2.1.3 Öldruck zu niedrig

● Ölstand zu niedrig
● Überdruckventil geöffnet oder festgeklemmt
● Ölsaugglocke zugesetzt
● Ölpumpe verschlissen
● Öl läuft aus

2.1.4 Öldruck zu hoch

● Überdruckventil geschlossen oder festgeklemmt
● Ölfilter, Öltunnel verstopft
● Falsche Ölviskosität

2.1.5 Kein Öldruck

● Ölstand zu niedrig

● Ölpumpen-Antriebsrad gebrochen oder Ölleitung defekt
● Ölpumpe defekt
● Internes Ölleck

2.2 Kraftstoffsystem

2.2.1 Motor wird durchgedreht, springt aber nicht an

● Kein Kraftstoff im Tank
● Kraftstoff gelangt nicht zum Vergaser
● Motor mit Kraftstoff überflutet («abgesoffen»)
● Kein Funke an den Zündkerzen
● Luftfilter verstopft
● Ansaugen von Nebenluft
● Falsche Choke-Betätigung
● Falsche Gasdrehgriff-Betätigung

2.2.2 Motor springt schlecht an oder geht sofort wieder aus

● Falsche Choke-Betätigung
● Versagen der Zündanlage
● Vergaser defekt
● Kraftstoff verschmutzt
● Ansaugen von Nebenluft
● Leerlaufdrehzahl falsch eingestellt

2.2.3 Unruhiger Leerlauf

● Zündsystem defekt
● Leerlaufdrehzahl falsch eingestellt
● Vergaser defekt, Kraftstoff verschmutzt

2.2.4 Zündaussetzer beim Beschleunigen

● Zündsytem defekt
● Luftabsperrventil defekt

2.2.5 Fehlzündungen

● Zündsystem defekt

- Vergaser defekt
- Luftabsperrventil defekt

2.2.6 Schlechte Leistung und hoher Verbrauch

- Kraftstoffsystem verstopft
- Zündsystem defekt
- Schwimmerstand zu hoch
- Luftfilter verschmutzt

2.2.7 Zu mageres Gemisch

- Kraftstoffdüsen verstopft
- Unterdruckkolben verklemmt
- Schwimmernadelventil defekt
- Schwimmerstand zu tief
- Tankdeckel-Belüftungsloch verstopft
- Kraftstoffschlauch eingeklemmt
- Entlüftungsschlauch verstopft
- Ansaugen von Nebenluft

2.2.8 Zu fettes Gemisch

- Luftdüsen verstopft
- Schwimmernadelventil defekt
- Schwimmerstand zu hoch
- Choke bei warmem Motor betätigt
- Luftabsperrventil festgeklemmt oder geschlossen
- Luftfilter verschmutzt

2.3 Zylinderkopf, Ventile, Zylinder

2.3.1 Zu niedrige oder ungleichmässige Kompression

- Ventile falsch eingestellt
- Ventile verbrannt oder verbogen
- Falsche Ventilsteuerzeiten
- Ventilfeder gebrochen
- Zylinderkopfdichtung bläst durch
- Zylinderkopf verzogen oder gerissen
- Zylinder oder Kolbenringe verschlissen

2.3.2 Zu hohe Kompression

- Übermässige Ölkohlebildung im Brennraum

2.3.3 Starke Geräuschentwicklung

- Ventile falsch eingestellt

- Klemmendes Ventil oder gebrochene Ventilfeder
- Antrieb der Ausgleichswelle verschlissen
- Steuerkette zu locker oder verschlissen
- Steuerkettenspanner verschlissen oder beschädigt
- Kolben oder Zylinder verschlissen
- Übermässige Ölkohlebildung im Brennraum

2.3.4 Starke Rauchentwicklung

- Zylinder oder Kolben verschlissen
- Kolbenringe falsch montiert
- Kolben oder Zylinderwand mit Riefen oder Schrammen
- Ventildichtungen und -Führungen verschlissen

2.3.5 Überhitzen

- Übermässige Ölkohlebildung im Brennraum
- Zu magere Vergasereinstellung
- Kühlsystem defekt

2.4 Kupplung, Schaltgestänge, Getriebe

2.4.1 Kupplung rutscht beim Beschleunigen

- Kein Spiel in der Betätigung
- Federn erlahmt oder zu schwach
- Kupplungsbeläge verschlissen

2.4.2 Kupplung rückt nicht aus

- Zuviel Spiel in der Betätigung
- Scheiben verzogen
- Druckmechanismus defekt

2.4.3 Übermässig starker Hebeldruck

- Kupplungszug falsch verlegt, beschädigt oder verschmutzt
- Druckmechanismus beschädigt

2.4.4 Rauhe Kupplungsbetätigung

- Riefen im Kupplungskorb

2.4.5 Getriebe schwer schaltbar

- Falsche Kupplungseinstellung, zuviel Spiel in

der Betätigung
● Schaltgabeln verbogen
● Schaltwelle verbogen
● Schaltwalzennockenrillen beschädigt

2.4.6 Gänge springen heraus

● Schaltklauen verschlissen oder verbogen
● Schaltwelle verbogen
● Feder der Schaltwalzenarretierug gebrochen

2.5 Kurbelgehäuse, Kurbelwelle

2.5.1 Übermässig starkes Geräusch

● Kurbelwellenhauptlagerzapfen oder Lager verschlissen (Rumpeln)
● Pleuellager verschlissen (Klopfen)

2.6 Vorderbau

2.6.1 Lenkung schwergängig

● Lenksäulenmutter zu fest angezogen
● Lenkkopflager beschädigt oder defekt
● Reifenluftdruck zu niedrig

2.6.2 Motorrad zieht nach einer Seite

● Gabelbeine ungleichmässig mit Öl befüllt
● Standrohr verbogen
● Vorderachse verbogen
● Rad falsch eingebaut

2.6.3 Vorderrad flattert

● Felge verzogen
● Vorderradlager ausgeschlagen
● Reifen falsch montiert
● Reifen defekt oder unwuchtig
● Achsmutter nicht genügend angezogen

2.6.4 Federung zu weich

● Gabelfedern ermüdet
● Zu wenig Gabelöl, Falsche Gabelöl-Viskosität

2.6.5 Federung zu hart

● Zu viel Gabelöl

● Falsche Gabelöl-Viskosität

2.6.6 Geräusche beim Einfedern

● Gleitrohr oder Führungsbuchsen abgenutzt
● Zu wenig Gabelöl
● Vorderradgabel-Befestigungsteile lose
● Zu wenig Fett im Tachometerantrieb

2.7 Scheibenbremse

2.7.1 Schlechte Bremsleistung

● Luft im Hydrauliksystem
● Abgenutzte Bremsklötze
● Bremsklötze verschmutzt oder verglast
● Hydrauliksystem undicht

2.8 Hinterrad, Trommelbremse, Aufhängung

2.8.1 Trommeln oder seitliches Flattern des Rades

● Felge verzogen
● Radlager lose
● Reifen falsch montiert
● Reifen defekt oder unwuchtig
● Achse nicht festgezogen

2.8.2 Federung zu weich

● Feder ermüdet
● Stossdämpfer falsch eingestellt oder defekt

2.8.3 Geräusche beim Einfedern

● Stossdämpfergehäuse klemmt
● Befestigungsteile lose
● Hebelgelenke verschlissen

2.8.4 Schlechte Bremsleistung

● Bremse falsch eingestellt
● Bremsbeläge verunreinigt oder verschlissen
● Nockenfläche verschlissen
● Bremstrommel verschlissen oder unrund
● Falsche Einstellung des Bremshebels auf der Wellenverzahnung

2.9 Batterie, Batterieaufladung

2.9.1 Kein Strom bei eingeschalteter Zündung

- Batterie leer
- Zu niedriger Säurestand
- Zu geringe spezifische Dichte
- Störung im Ladekreis
- Batteriekabel abgetrennt
- Hauptsicherung durchgebrannt
- Zündschalter defekt

2.9.2 Schwacher Strom bei eingeschalteter Zündung

- Batterie nicht aufgeladen
- Zu niedriger Säurestand
- Zu geringe spezifische Dichte
- Störung im Ladesystem
- Batterieanschluss lose

2.9.3 Schwacher Strom bei laufendem Motor

- Batterie nicht ausreichend geladen
- Zu niedriger Säurestand
- Eine oder mehrere tote Zellen
- Störung im Ladekreis

2.9.4 Zeitweilig aussetzender Strom

- Lose Kabelanschlüsse (Wackelkontakte)
- Kurzschluss in der Anlage

2.9.5 Störung im Ladekreis

- Kabel oder Anschluss lose, gerissen oder kurzgeschlossen
- Spannungsregler oder Gleichrichter defekt
- Lichtmaschine defekt

2.10 Zündsystem

2.10.1 Motor wird durchgedreht und springt nicht an

- Kurzschlussschalter auf OFF
- Kein Funke an den Zündkerzen
- CDI-Einheit defekt
- Lichtmaschine defekt
- Kabel zwischen Zündkerze und Lichtmaschine oder CDI-Einheit und Zündspule ungenügend angeschlossen, gerissen oder kurzgeschlossen

2.10.2 Kein Funke an den Zündkerzen

- Kurzschlussschalter auf OFF
- Kabel schlecht angeschlossen, gerissen oder kurzgeschlossen zwischen Lichtmaschine und Zündspule, CDI-Einheit und Kurzschlussschalter, CDI-Einheit und Zündspule, CDI-Einheit und Zündschloss oder zwischen Zündspule und Zündkerze
- Zündschloss defekt, Zündspule defekt
- CDI-Einheit defekt
- Lichtmaschine defekt

2.10.3 Motor springt an, läuft aber stotternd oder dreht nicht hoch

- Zündspule defekt
- Loses oder blankes Kabel
- Wackelkontakt oder loses Kabel in einem Schalter
- Zündkerze defekt
- Hochspannungskabel defekt
- Falscher Zündzeitpunkt
- Lichtmaschine defekt
- CDI-Einheit defekt

2.11 Anlasser

2.11.1 Anlassermotor dreht sich nicht

- Batterie entladen
- Zündschalter defekt
- Startknopf defekt
- Leerlaufschalter defekt
- Anlasser-Relaisschalter defekt
- Kabel lose oder abgetrennt
- Seitenständerschalter unterbrochen

2.11.2 Anlassmotor dreht den Motor nur langsam durch

- Zu schwache Batterie
- Hoher Widerstand im Schaltkreis
- Anlassmotor klemmt

2.11.3 Anlassmotor läuft, ohne den Motor durchzudrehen

- Anlasserkupplung defekt

- Zahnräder des Anlassmotors defekt
- Zwischenzahnrad defekt

2.12 Kühlsystem

2.12.1 Motortemperatur zu hoch

- Zu niedriger Ölstand
- Kühlrippen verdreckt
- Kühlluftzufuhr behindert
- Ölkühlerdurchfluss behindert

3 Wartung

SYMBOLBEDEUTUNG

⚠ – Wenn besondere Vorsicht angezeigt ist
TIP – Wenn ein Fingerzeig gegeben wird
👁 – Wenn Inaugenscheinnahme erforderlich ist
📏 – Wenn genaues Messen erforderlich ist

Wer lange Freude am zuverlässigen Funktionieren seiner Maschine haben will, kommt um regelmässige Wartungsarbeiten nicht herum. Yamahas 600er Singles sind jedoch einfach im Grundaufbau, so dass die Pflegedienste keinen grossen Werkzeug- und Zeitaufwand erfordern.
Die Wartungsintervalle (siehe Punkt 3.2) müssen bei normaler Fahrweise nicht sklavisch eingehalten werden. Während einer Urlaubsfahrt kann die fällige Inspektion auch einmal um 500 Kilometer hinausgeschoben werden.
Anders sieht es bei häufigem Kurzstreckenverkehr, bei dauernden Regenfahrten oder beim Betrieb in staubigen Gegenden aus. Eine Fahrerin oder ein Fahrer mit Durchblick werden erkennen, ob sie ihre Maschine erschwerten Bedingungen aussetzen und die höher beanspruchten Baugruppen deshalb vorzeitig überprüfen.
Auch bei den Wartungsarbeiten gilt: Ohne gutes Werkzeug in den benötigten Grössen fängt man mit dem Schrauben gar nicht erst an. Arbeiten an der hydraulischen Scheibenbremse sollten allerdings aus Sicherheitsgründen nur bei entsprechenden Vorkenntnissen selbst durchgeführt werden, ansonsten ist das Motorrad in einer Fachwerkstatt besser aufgehoben, was keine Einladung zum lockeren Rumfummeln an Trommelbremsen sein soll.

3.1 Schmierplan

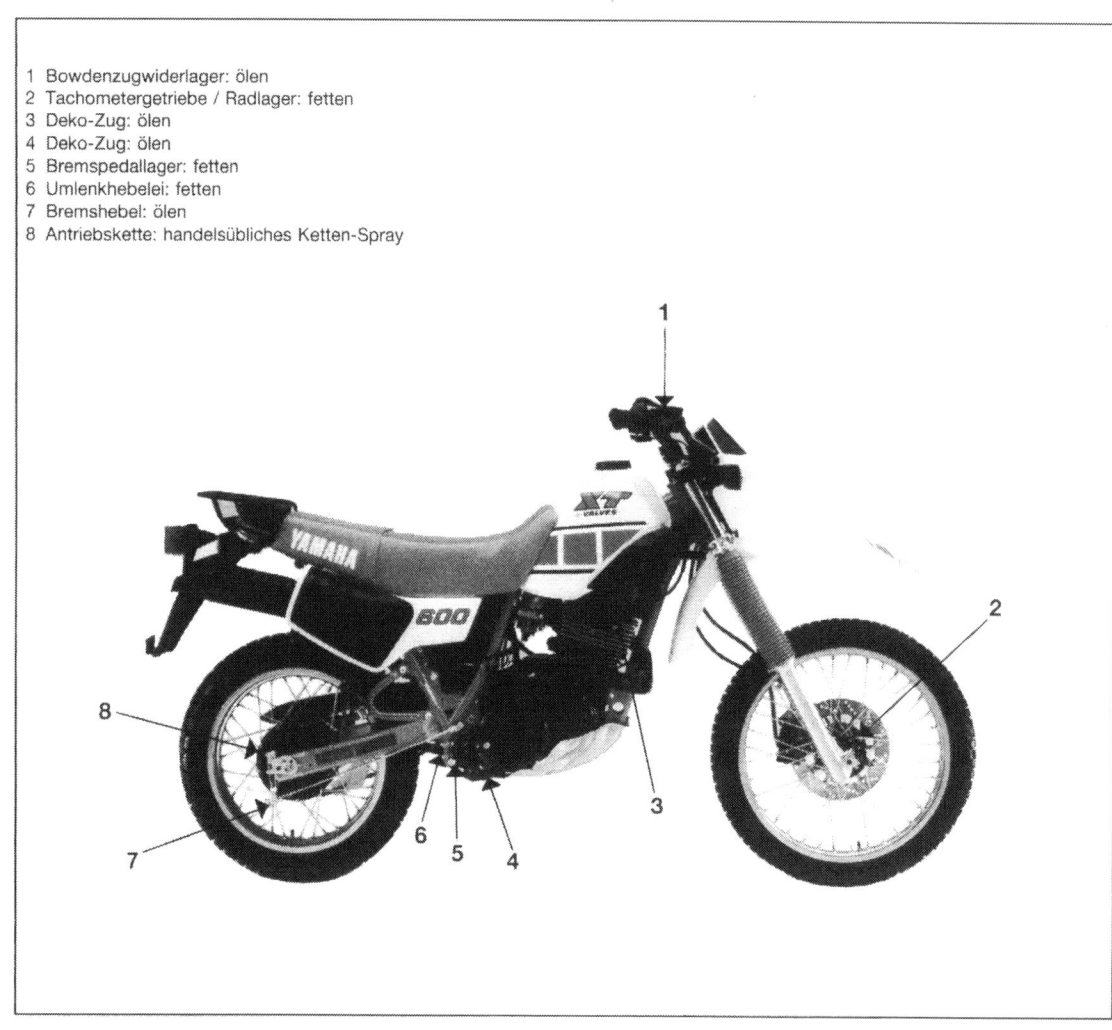

1 Bowdenzugwiderlager: ölen
2 Tachometergetriebe / Radlager: fetten
3 Deko-Zug: ölen
4 Deko-Zug: ölen
5 Bremspedallager: fetten
6 Umlenkhebelei: fetten
7 Bremshebel: ölen
8 Antriebskette: handelsübliches Ketten-Spray

3.2 Regelmässige Wartung / Regelmässige Schmierung

Benennung	Bemerkungen	Nach Kauf 1000 (600)	ALLE	
			6000 (4000) oder 6 Monate	12 000 (8000) oder 12 Monate
Ventilspiel	Ventilspiel prüfen / Abstimmen	○	○	○
Zündkerzen	Prüfen / Reinigen / Erneuern, wenn erforderlich	○	○	○
Luftfilter	Reinigen / Erneuern, wenn erforderlich		○	○
Vergaser	Leerlauf und Anlasserbetrieb prüfen / Abstimmen	○	○	○
Kraftstoffleitung	Kraftstoffschlauch auf Risse und Beschädigung prüfen		○	○
Motorenöl	Auswechseln (vor dem Ablassen Motor erwärmen)	○	○	○
Motorenölfilter / Ölfiltersieb	Filterelement erneuern und das Ölfiltersieb reinigen	○	○	○
Bremse	Betrieb und auf Bremsflüssigkeitsverlust prüfen / Siehe ANMERKUNG / Wenn erforderlich, abstimmen		○	○
Kupplung	Betrieb prüfen / Wenn erforderlich, abstimmen		○	○
Dekompressionssystem	Wenn erforderlich prüfen / Abstimmen		○	○
Hinterarm-Drehlager / Relais-Arm	Lageraufbau auf Lockerheit prüfen Reinigen und schmieren / Lithiumfett	Prüfen	○	○
Räder	Balance, Speichenfestigkeit sowie auf Beschädigung und Abnutzung prüfen		○	○
Radlager	Lageraufbau auf Lockerheit / Beschädigung prüfen Bei Beschädigung auswechseln		○	○
Lenklager	Lageraufbau auf Lockerheit prüfen Alle 24 000 (16 000) oder 24 Monate erneut abdichten Mittelschweres Radlager-Schmierfett	Prüfen		Prüfen
Vordergabeln	Funktion sowie auf Ölverlust prüfen		○	○
Hintere Stossdämpfer	Funktion sowie auf Ölverlust prüfen		○	○
Antriebskette	Spannung / Ausrichtung / Schmierung prüfen, reinigen und abstimmen	Alle 500 (300)		
Befestigungselemente	Alle Befestigungen und Anbringungen des Chassis prüfen	○	○	○
Batterie	Elektrolytschwere auf vorgeschriebenen Wert prüfen Entlüftungsleitung auf Funktion prüfen		○	○

ANMERKUNG:

Auswechseln der Bremsflüssigkeit:

1. Nach Demontage des Hauptbremszylinders und des Zangenzylinders die Bremsflüssigkeit auswechseln.
   Gewöhnlich zunächst das Niveau der Bremsflüssigkeit nachprüfen, dann, wenn erforderlich, die Flüssigkeit nachfüllen.

2. Die Öldichtungen im Innern des Hauptbremszylinders und des Zangenzylinders alle zwei Jahre auswechseln.

3. Die Bremsschläuche alle vier Jahre durch andere ersetzen.

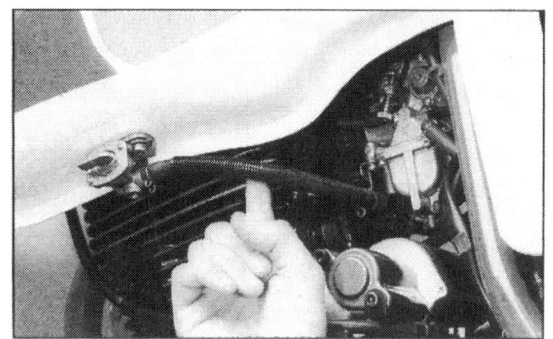

Bild 1
Kraftstoffschläuche porös?

Bild 2
Zwei Schrauben ausdrehen

Bild 3
O-Ring muss sauber in Nut
sitzen

Bild 4
Sechs Innensechskant-
schrauben ausdrehen

Bild 5 ▶
Luftfilter entnehmen

3.3 Kraftstoffleitungen

Kraftstoffschläuche haben die unangenehme Eigenschaft, im Laufe der Zeit zu verhärten und dann einzureissen. Die Schläuche lassen sich jedoch ohne Schrauberei auf Beschädigung oder Undichtheit kontrollieren. Siehe Bild 1.

● TIP Im Zweifelsfall einen angefressenen Schlauch lieber auswechseln, denn das Gummiröhrchen platzt garantiert während der nächsten Nachtfahrt auf der Autobahn.

3.4 Kraftstoffsieb

Wenn der brave Single plötzlich unsauber am Gas hängt oder bei höheren Drehzahlen aussetzt, kann das am zugesetzten Kraftstoffsieb liegen. Im Tankinneren abgeplatzte Lackpartikelchen oder Verunreinigungen im Sprit sammeln sich in dem feinen Geflecht.

● Kraftstoff ablassen.
● Zwei Kreuzschlitzschrauben ausdrehen, siehe Bild 2.
● Filtersieb in sauberem Lösungsmittel auswaschen.
● Filtersieb und O-Ring wieder installieren. Siehe Bild 3.
● Schläuche wieder anschliessen, Kraftstoffhahn auf ON drehen und sichergehen, dass kein Kraftstoff ausläuft.

3.5 Luftfilter

Die Luftfilterreinigung steht laut Wartungsplan alle 6000 Kilometer oder 6 Monate an.
Bis einschliesslich Bj. '87:
● Rechte Seitenabdeckung entfernen, sechs In-

nensechskantschrauben ausdrehen, siehe Bild 4, und Luftfilter entnehmen, siehe Bild 5.

Ab Bj. '88/TENERE:
● Sitzbank demontieren, siehe Bild 6.
● Drei Kreuzschlitzschrauben des Luftfilterdeckels entfernen, siehe Bild 7.
● Deckel und Filterelement entnehmen, siehe Bild 8.
● Schaumstofff-Filter entfernen, in sauberem Lösungsmittel reinigen und frisch geölt wieder einsetzen.

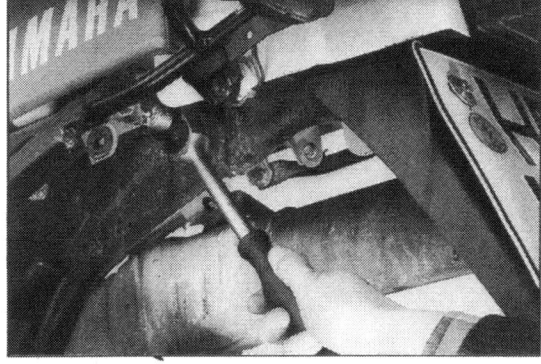

Bild 6
Links und rechts Schrauben SW 12 ausdrehen

3.6 Vergaserbetätigung

Dem Gasdrehgriff kommt beim Motorrad die wichtige Rolle des Mittlers zwischen Fahrer und Motor zu. Unregelmässigkeiten bei Feindosierung der Motordrehzahl können fatale Folgen haben.

● ⚠ Deshalb muss sich der Gasdrehgriff bei allen Lenkerstellungen leicht öffnen lassen, selbsttätig in seine Ausgangsposition zurückkehren (trotz extra «Schliesser»-Gaszugs!) und ein Betätigungsspiel von 2–5 mm am Gasgriffumfang aufweisen. Ist das auch nach Abschmieren nicht der Fall, Gaszüge auf Beschädigung untersuchen und eventuell austauschen.

● Tank demontieren, siehe Bilder 9 und 10.
● Am Vergaser die Konterung der Widerlagerung lösen und Nippel am Vergaser aushängen, siehe Bilder 11 und 12.
● Am Gasdrehgriff die zwei Kreuzschlitzschrauben lösen, beide Gehäusehälften abnehmen und Nippel aus ihren Aufnahmen nehmen.
● ⚠ Den Massstab, ob der Gaszug verschlissen oder beschädigt ist, streng anlegen. Sparsamkeit ist hier am falschen Platz.
● Neuen Zug geölt und ohne Knick- und Scheuerstellen einfädeln, Drehgriffgehäuse leicht eingefettet wieder verschliessen.
● Einstellung am unteren Einsteller (am Vergaser) vornehmen. Zum Einstellen des Spiels Gegenmutter lösen und Einsteller drehen. Anschliessend wieder kontern.

Bild 7
Drei Kreuzschlitzschrauben entfernen

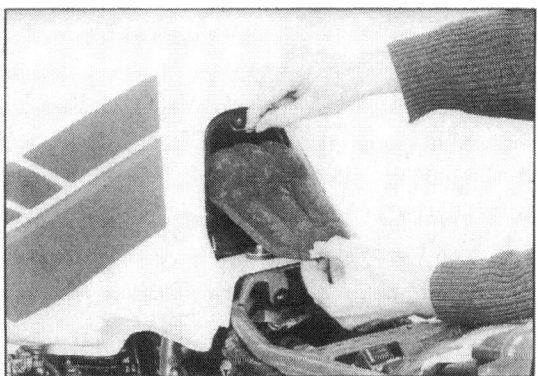

Bild 8
Klemmung lösen und Filter entnehmen

3.7 Chokebetätigung

● Chokehebel auf Leichtgängigkeit prüfen.
● Bei Schwergängigkeit ist der Chokezug zu schmieren.
● Chokeventilmutter (SW 14) am Vergaser lösen und Chokeventil entfernen (siehe Bild 13). Chokehebel am Lenker bis zum Anschlag auf die

Bild 9
Am Tankende 2 Schrauben SW 10 lösen (ältere Ausführung eine Schraube)...

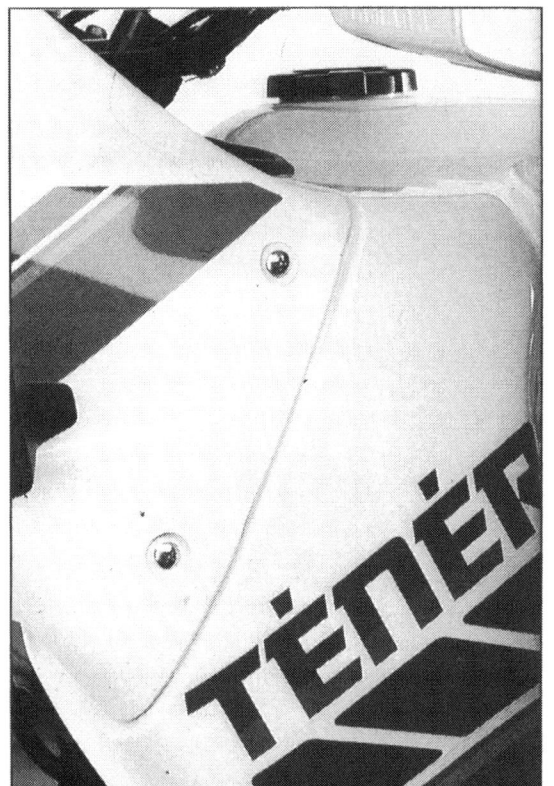

... und vorne gegebenenfalls
je Seite 2 Kreuzschlitz-
schrauben ausdrehen

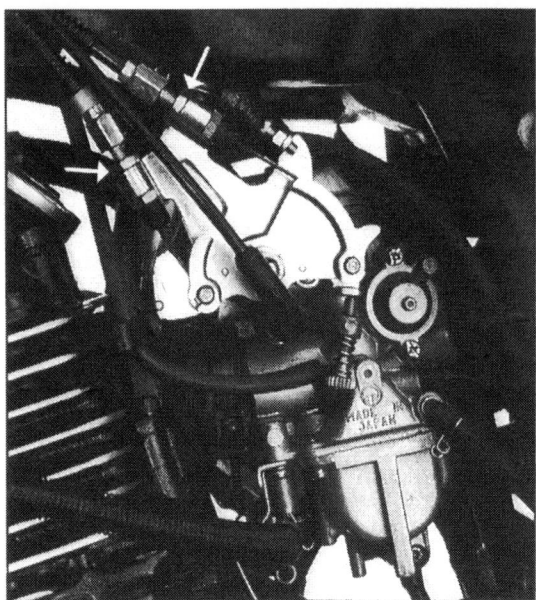

Bild 11
Widerlager (Pfeile) lösen

Bild 12
Frühe XT 600: Zugwiderlager
(Pfeil 1 / Schliesser-Zug fehlt!)
liegt zwischen den Vergasern
2 Zündspule
3 Zylinderkopfentlüftung
   zum Öltank hin

Bild 13 ▶
Chokemutter SW 12

volle Öffnung zurückziehen und auf Leichtgängigkeit überprüfen. Es darf kein Spiel fühlbar
sein.

3.8 Kurbelgehäuse-Entlüftung/ TENERE ab Bj. '86 (Typ 1VJ)

Falls Ablagerungen in den transparenten Rück-
standschläuchen zwischen den Vergasern und
rechts sichtbar sind (siehe Bild 14), Schläuche
entfernen, um sie zu entleeren. Anschliessend
Schläuche wieder montieren und mit Federschel-
le sichern.
● ⚠ Nur Umweltverschmutzer lassen das Ölkon-
densat einfach auf den Boden tropfen. Vorher
geeignetes Gefäss bereitstellen.
● TIP Der Wartungsplan sieht vor, den Entlüftungsschlauch alle 6000 Kilometer zu entleeren.
Diese Arbeit ist öfter durchzuführen, wenn häufi-
ger bei Regen oder mit Vollgas gefahren wird
oder wenn Rückstände im durchsichtigen Teil
des Schlauches sichtbar werden.

3.9 Zündkerzen

Wer an den Funkenspender gelangen möchte,
sei es zur Inspektion nach 6000 Kilometern oder
zur Erneuerung nach 12000 Kilometern, muss je
nach Typ und Ausführung verschiedene Anbau-
teile entfernen, und zwar:
● Sitzbank und Tank wie in den Bildern 6,9 und
10 gezeigt.
● Kunststoff-Kerzenstecker abziehen und
Zündkerze mit Zündkerzensteckschlüssel herausdrehen.
● ⚠ Das Kerzenbild sollte einen rehbraunen
Farbton zeigen, bei weissem bis aschgrauem
Bild ist die Vergasereinstellung zu mager, der
Motor läuft zu heiss. Bei dunkelbraunem bis
schwarzem Kerzenbild ist das Kraftstoffluftge-

misch zu fett (was auch vom zugesetzten Luftfilter herrühren kann).

Eine schwarz verrusste, feuchtglänzende Kerze deutet auf verschlissene Ventilführungen oder abgenutzte Kolbenringe, durch die Öl in den Verbrennungsraum gelangen kann.

● Mit Messingdrahtbürste die Kerze reinigen und Isolator auf Risse oder Absplitterungen untersuchen. Der Dichtring muss einwandfreie Planflächen aufweisen, bei Beschädigungen Kerze erneuern.

● Elektrodenabstand mit Fühlerlehre messen, er muss 0,8–0,9 mm betragen. Gegebenenfalls Mittel-Elektrode nachfeilen, dann Abstand einstellen, siehe Bild 15.

● ⚠ Zündkerze gefühlvoll von Hand einschrauben, unbedingt darauf achten, dass schon der erste Gewindegang richtig greift. Eine schräg angesetzte Kerze ruiniert mit ihrem harten Stahlgewinde das weiche Gewinde im Aluminium-Zylinderkopf schon nach einer halben Umdrehung.

● Erst bei richtigem Sitz Kerze mit Kerzensteckschlüssel anziehen und Kerzenstecker wieder aufsetzen.

3.10 Kompression

● 🔧 Kompression bei normaler Betriebstemperatur messen. Zündkerze herausschrauben und Kompressionsmessgerät anschliessen.

● Gasgriff voll öffnen, Motorstopschalter auf OFF und Motor mit Starter durchdrehen, bis die Anzeige des Kompressionsmessers nicht mehr weiter steigt. Das geschieht normalerweise nach 10 Sekunden(mind. zehnmal Kicken/Dekompressionszug stillegen). Der Kompressionsdruck soll je nach Typ (siehe Technische Daten, Seite 103/105 10 und 11 kg/cm² betragen.

Zu geringer Druck deutet auf undichte Ventile, zu enges Ventilspiel, undichte Zylinderkopfdichtung, verschlissenen Kolben, Kolbenringe oder Zylinder. Zu hoher Druck wird von Ölkohleablagerungen im Brennraum verursacht. Tip: Um die Fehlerquelle einzukreisen

● Öl durch Kerzenloch des betreffenden Zylinders gleichmässig auf die Zylinderwand spritzen.

● Kompri-Test wiederholen. Erhöhte Werte lassen auf verschlissene Kolben/Ringe schliessen. Gleichbleibender Wert auf verschlissenen Zylinderkopf (Ventil, -sitz und -führungen). Werkstatterfahrung lässt es wahrscheinlicher erscheinen, dass letzterer Fall zuerst eintritt. Und zwar in der Regel (wenn man dafür überhaupt eine Regel aufstellen kann) nach einer Laufleistung von 50000 km, wobei sie dann natürlich nicht schlagartig ihren Dienst einstellen, sondern lediglich die

Bild 14
Neue TENERE:
1 Kurbelgehäuse-
  Entlüftungsschlauch
2 Rückstandschlauch
  (2 Stück)

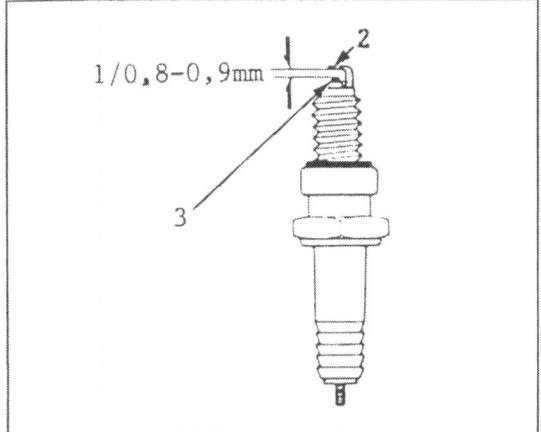

Bild 15
Elektrodenabstand variiert
je nach Kerzenfabrikat!
Siehe Seite 105
1 Elektrodenabstand
2 Masse-Elektrode
3 Mittel-Elektrode

Bild 16
Kurbelwellen-Deckel und
Schauloch-Deckel ausdrehen

Bild 17
T-Marke muss mit Gehäuse-markierung fluchten

von Yamaha genannten Verschleissgrenzen für Ventilsitzbreite und Ventilführungsspiel erreichen.

3.11 Ventilspiel

Ein gewisses Spiel zwischen Kipphebeln und Ventilen ist nötig, damit die Ventile den Brennraum bei allen Betriebstemperaturen dicht abschliessen. Beim 600er XT-Motor wird das Ventilspiel mittels Einstellschrauben an den Kipphebeln korrigiert.
Das Ventilspiel wird bei kaltem Motor kontrolliert und eingestellt!
● Sitzbank und Tank, wie auf Seite 15 beschrieben, abbauen.
● Deckel der Kurbelwelle und Schaulochdeckel entfernen, siehe Bild 16.
● Schwungrad im Gegenuhrzeigersinn drehen und «T»-Marke auf die Gegenmarkierung am linken Kurbelgehäusedeckel ausrichten, Bild 17.

Bild 18
Zwei Innensechskant-schrauben SW 5 lösen

Bild 19 ▶
Auslassventil-Deckel SW 17

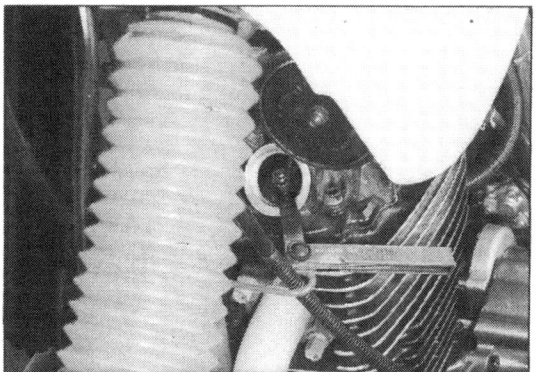

Bild 20
Stramme 0,15 mm
Auslassventil-Spiel

● $\boxed{\text{TIP}}$ Achtung, Kolben steht nur jede zweite Umdrehung im Arbeits-OT!
● Kolben steht im Arbeits- oder Verbrennungs-OT, wenn an den Kipphebeln von Ein- und Auslass Spiel spürbar ist.
● Ventildeckel der Einlassventile (zwei Innensechskantschrauben SW 5) und Ausslassventile (Sechskant SW 17) abnehmen (siehe Bilder 18 und 19). Ventile mit Fühlerlehrenblatt zwischen Kipphebel und Ventilschaft auf festen Schiebesitz prüfen (siehe Bild 20).
Ventilspiel: Einlass 0,1 mm, Auslass 0,15 mm.

● Falls Ventilspiel nicht korrekt, d. h. kein fester Schiebesitz spürbar, Gegenmutter SW 10 lösen und Einstellschraube mit Spitzzange am Vierkant nachsetzen. Falls Ventilspiel zu eng, Einstellschraube entsprechend lockern und wieder anziehen. Einstellschraube festhalten und Gegenmutter anziehen.

● ⚠ Das oben genannte Spielchen kann sich durchaus mehrmals wiederholen, bis der richtige Spielwert eingestellt ist, da die Konterung auch Einfluss auf die Einstellschraube hat.

● Ist das Spiel aller Ventile eingestellt, Kurbelwelle zwei Mal um 360 Grad drehen und das Spiel nochmals prüfen.

● O-Ringe der Ventildeckel (Einlass/Auslass) vor Einbau auf Beschädigung überprüfen und gegebenenfalls auswechseln.

● MoS$_2$-Fettpaste auf O-Ringe, Schaulochdeckel und Kurbelwellendeckel auftragen und Deckel wieder montieren.

● Anschliessend Spiel des automatischen Ventilaushebers kontrollieren und gegebenenfalls neu einstellen, siehe Kapitel Zusammenbau Seite 70, Bild 258.

3.12 Motoröl

Das Öl ist sozusagen der Lebenssaft für jedes Triebwerk. Klar, dass da der Pegelstand regelmässig kontrolliert wird. Alle 12000 km bedarf das Öl einer Erneuerung, mindestens aber einmal jährlich.

● [TIP] Motorenöl bei betriebswarmer Maschine ablassen, damit sich die Metallabriebteilchen noch in der Schwebe befinden und sich noch nicht abgesetzt haben.

● Motorrad auf Ständer stellen, Bauchverkleidung (3 Sechskantschrauben SW 10) demontieren und geeignete Auffanggefässe (mindestens drei Liter Fassungsvermögen) unterschieben, Ölablass-Schraube SW 19 ausdrehen, siehe Bild 21.

● ⚠ Finger nicht am heissen Öl verbrühen! Das Öl läuft erst im Schuss, nach einiger Zeit nur noch tröpfchenweise. Geduldig warten, bis der letzte Tropfen den Weg ins Auffanggefäss gefunden hat.

Um den Ablauf des Öls zu beschleunigen, Ölfilter-Entlüftungsschraube (SW 8) und Bundschraube (Innensechskant SW 5) ausdrehen, siehe Bild 22.

● Öltank ablassen (alle XT 600 und TENERE bis Bj. '85):

● Ablass-Schraube SW 14 lösen und Öl in Auffanggefäss abtropfen lassen, siehe Bild 23.

● Öltank ablassen (TENERE ab Bj. '86):

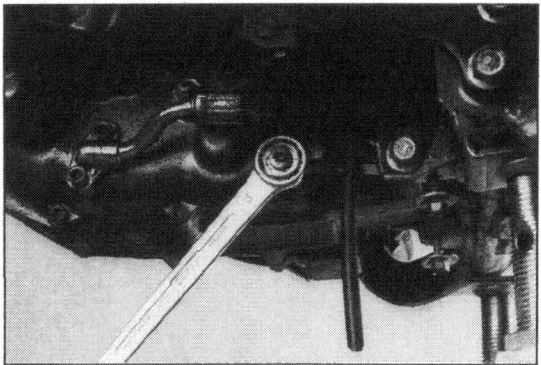

Bild 21
Ölablass-Schraube/Motor
SW 19

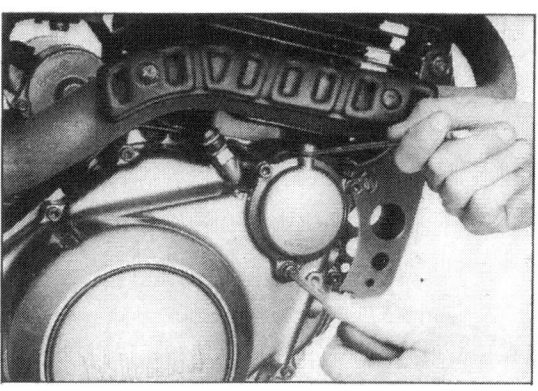

Bild 22
Entlüftungs-Schraube SW 8
und Ölfiltergehäuse-Ablass
SW 5 (Innensechskant)

Bild 23
Öltank frühe Ausführung/
TENERE und XT 600

● Um den Rahmen nicht zu verkleckern Sechskant SW 17 bis zum Einstich herausdrehen und Ablass-Schraube SW 12 ausdrehen, siehe Bilder 24 und 25.

● Bei jedem Ölwechsel die Siebfilter im Öltank, die nach Lösen des Zulaufflansches (zwei Innen-

Bild 24
Verlängerung bis zum Einstich
ausdrehen und Ablass SW 12
lösen

Bild 25 ▶
Öl ablassen

Bild 26
Siebfilter entnehmen

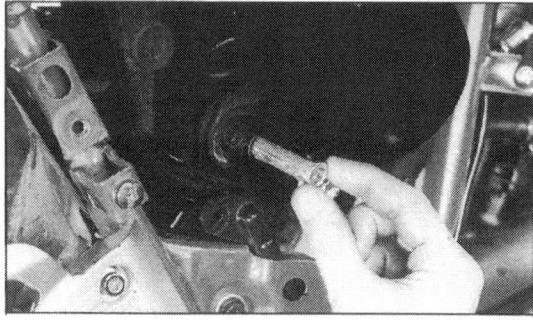

Bild 27
Ölfilter einsetzen

Bild 28
O-Ringe (2 Stück)
nicht vergessen

sechskantschrauben SW 5/ siehe Bilder 26 und
23) entnommen werden, in sauberem Lösungsmittel reinigen.
● TIP Ablass-Schrauben und Flanschschrauben
sind mit einem Kupferdichtring versehen, der bei
jedem Ölwechsel erneuert werden sollte.
● Anzugsmoment der Motor-Ölsumpfschraube
30 Nm.
● Nach Eindrehen der Schrauben 1,5 Liter Öl in
Tank einfüllen, unteres Ende des Zulaufs abnehmen und erst nach Ölaustritt wieder montieren
(Entlüften).
● ⚠ Altöl nicht «weggiessen» (!), sondern an
einer Sammelstelle (in jeder grösseren Stadt zu
finden) oder Tankstelle abliefern! (Jeder Ölver-
käufer ist zur Zurücknahme von Altöl ver-
pflichtet!)

3.13 Motorölfilter

Das Ölfilter hat die Aufgabe, kleinste Partikelchen
aus dem Motoröl herauszufiltern. Sobald der Mo-
tor läuft, befindet sich das Öl in dauerndem
Kreislauf vom Ölsumpf zum Motor und seinen
Schmierstellen und tropft dort ab in den Ölsumpf.
● ⚠ Ölfilter deshalb bei jedem Ölwechsel er-
neuern.
● Motoröl ablassen (Siehe 3.12).
● Auffangwanne unter Ölfilter stellen.

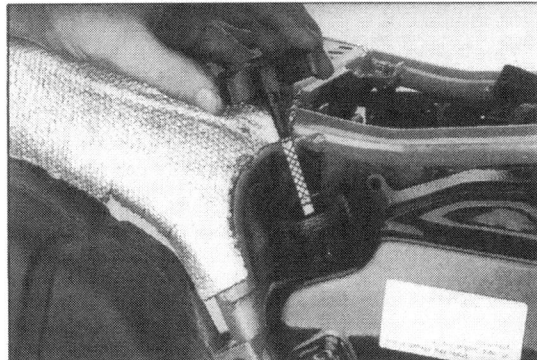

◀ **Bild 29**
Entlüftungsschraube
SW 8 erst einsetzen,
wenn Öl sprudelt

Bild 30
Ölpegel muss zwischen «F»
und «E» liegen. Ölpeilstab nur
ansetzen, nicht eindrehen!

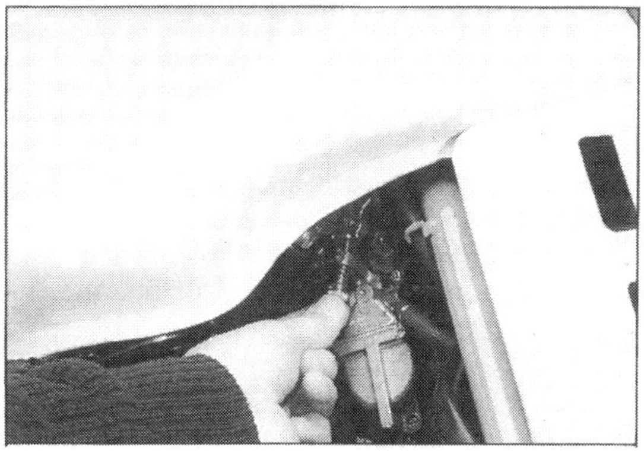

◀ **Bild 31**
TENERE bis Bj. '85 und XT
600: Zylinderkopf-Entlüftung,
Ölzulauf und Peilstab

Bild 32
Leerlauf-Einstellschraube

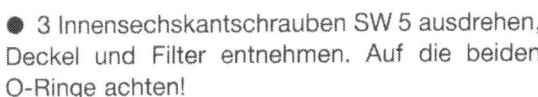

● 3 Innensechskantschrauben SW 5 ausdrehen,
Deckel und Filter entnehmen. Auf die beiden
O-Ringe achten!
● Gummiteile des neuen Ölfilters einölen und
neues Filter einsetzen, siehe Bilder 27 und 28.
● Motor im Leerlauf tuckern lassen und Entlüftungsschraube nach blasenfreiem Ölaustritt
montieren, siehe Bild 29. Nach zwei Minuten
Ölstand mit Tauchstab messen (nur ansetzen,
nicht einschrauben!). Öl soll an der oberen Pegel-
marke stehen. Eventuell nachfüllen, siehe Bilder
30 und 31.
● Bauchverkleidung wieder montieren.

Bild 33
Leerlauf-Einstellschraube
frühe Ausführung

3.14 Vergaser-Einstellung/ Leerlaufdrehzahl

Für seinen big Single gibt Yamaha eine Leerlaufdrehzahl von 1300/min an.
Leerlaufdrehzahl-Einstellung erfolgt bei betriebs-
warmem Motor und korrekt eingestelltem Ventilspiel.

● Maschine auf Mittelständer (so vorhanden)
stellen und Getriebe auf Leerlauf schalten.
● Leerlaufdrehzahl muss im Normbereich (1300
± 50/min) liegen.
● Regulierung siehe Bilder 32 und 33. Herausdrehen: Drehzahl senken/Hineindrehen: Drehzahl
erhöhen.

Bild 34
Gemisch-Regulierung

Nur nach Vergaser-Demontage oder im Zweifelsfall:
Grundeinstellung der Gemischregulierschraube: 3 Umdrehungen heraus (Schraube ganz eindrehen, dann 3 Umdrehungen herausdrehen). Viertel Umdrehung für guten Übergang zugeben.

● ⚠ Der Sitz der Schraube wird beschädigt, wenn die Schraube gegen den Sitz angezogen wird. Siehe Bild 34.

Register-Einstellung der beiden Vergaser siehe Seite 71, Kapitel Zusammenbau.

3.15 Antriebskette

● ⚠ Antriebskette niemals bei laufendem Motor prüfen oder einstellen.

Die Antriebskette ist eigentlich das Teil am Motorrad, dem man seinen Pflegezustand auf den

Bild 35
Kette darf sich maximal 4 mm abziehen lassen

Bild 36
Lösen der Bremsankerbefestigung SW 14 nicht vergessen

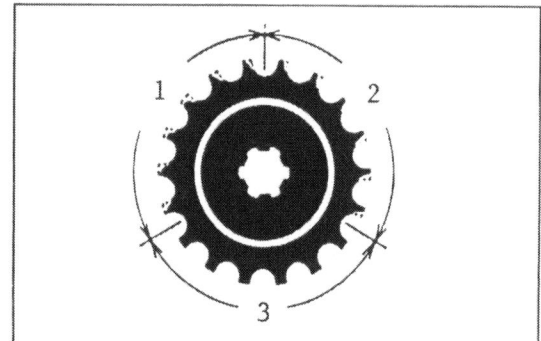

Bild 37
1 beschädigt
2 verschlissen
3 normal

ersten Blick ansieht, siehe Bild 35. Doch wird die als lästig empfundene Kettenpflege häufig sträflich vernachlässigt, obwohl sie doch wesentlichen Einfluss auf die Fahrleistungen eines Motorrades hat.

● Zum Prüfen des Kettendurchhangs Motorrad auf Seitenständer stellen. Durchhang sollte unten in der Mitte zwischen den Kettenrädern 35–45 mm betragen.

● Zum Korrigieren des Durchhangs Hinterachse mit Ringschlüssel oder Nuss (SW 24) gegenhalten, Splint lösen und Mutter (SW 22/ Bild 36) lösen.

Ab Bj. '86 mit Stahlschwinge/Scheibenbremse:
● Beide Spannschrauben (Innensechskant SW 5) am Schwingenende lösen.
● Bremsankerschraube SW 14 (Pfeil in Bild 36) lockern.
● Beide Spannelemente jeweils um die gleiche Anzahl Rastungen weiter- und einstellen, bis Kette korrekten Durchhang hat.
● Der Kettendurchhang darf keinesfalls weniger als 35 mm betragen:
Gefahr durch stossartige Drücke für das Getriebe-Abtriebslager!
● Beide Spannschrauben und die Hinterachsmutter (Anzugsdrehmoment 90 Nm) wieder anziehen. Bei Scheibenbremsenausführung Bremsankerschraube SW 14 wieder anziehen. Bei Trommelbremsenausführung Leerweg des Bremspedals korrigieren (siehe Seite 25). Als letzte Kontrolle Motorrad vom Ständer nehmen und aufsitzen.
Auch jetzt darf die Kette keinesfalls voll gespannt sein.
● Lassen sich die Spannelemente nicht mehr weiterdrehen, ist die Kette übermässig gelängt und muss erneuert werden. Die O-Ring-Kette besitzt kein Kettenschloss, zum Wechseln muss deshalb die Schwinge ausgebaut werden (siehe Seite 46/55). Normale Nietenzieher sind für O-Ring-Ketten nicht zu gebrauchen, dazu gehören spezielle Ausdrücker (im Werkzeughandel erhältlich).
● Gleichzeitig Zähne der Kettenräder auf Abnutzung untersuchen, siehe Bild 37. Sind sie verschlissen, beide zusammen mit der Kette auswechseln (vorderes Kettenrad siehe Seite 36 und 74/hinteres Seite 44 und 57).
● ⚠ Niemals neue Kette mit alten Kettenrädern oder umgekehrt kombinieren, weil sich die Teile gegenseitig extrem schnell verschleissen würden.
● Die Kettengleitschiene auf der Schwinge und Lenkrollen auf Verschleiss oder Beschädigung prüfen.
Kettengleitschiene auswechseln, bevor Kette auf der Schwinge schleift!

3.16 Batterie

Wie die meisten Motorräder gibt es auch den Yamaha-Single mit E-Starter. Diese Komforterhöhung hat sich bewährt, allerdings muss die Batterie immer optimal in Schuss sein, um auch bei kalter Witterung ausreichend Energie liefern zu können.

● XT 600 und TENERE bis Bj. '85: Batterie sitzt hinter dem linken Seitendeckel (von Hand abnehmen/siehe Bild 38). TENERE ab Bj. '86: Batterie ist nach Demontage der Sitzbank zugänglich, siehe Bild 39. Batterie-Flüssigkeitsstand muss zwischen oberer und unterer Pegelmarkierung liegen.

● Bei zu niedrigem Stand Gummiband aushängen, negatives Batteriekabel (Minuspol) abklemmen und Entlüftungsschlauch abziehen. Danach Pluskabel entfernen und Batterie herausziehen.

● Zellenstopfen entfernen und destilliertes Wasser nachfüllen.
Batterie wechseln, wenn sich am Batterieboden grünlicher Belag bildet oder Ablagerungen ansammeln.

● ⚠ Batterie-Elektrolyt enthält Schwefelsäure! Deshalb die Flüssigkeit nicht mit Kleidung in Berührung bringen. Falls Flüssigkeit in die Augen gerät, sofort gründlich mit Wasser spülen und unverzüglich Augenarzt aufsuchen!
Der in Bild 38 eingekreiste Überlastschalter unterbricht Ladestrom bei zu hoher Stärke. Roter Knopf darf frühestens nach 30 Sekunden wieder gedrückt werden.

3.17 Bremsflüssigkeit

Mag man einem Motorrad kurzzeitig einen defekten Auspuff oder auch mal ein durchgebranntes Blinkerbirnchen zubilligen – beim Thema Bremsen gibt es keine Kompromisse. Hier muss bei jedem Fahrmeter die hundertprozentige Leistungsfähigkeit sichergestellt sein.
Auf die Wirkung der Bremsanlage der TENERE und der «Normal»-XT 600 kann sich der Motorradfahrer verlassen. Damit das immer so ist, sollten Wartungsarbeiten an der Bremshydraulik nur bei fundierten Vorkenntnissen vorgenommen werden. Beim geringsten Zweifel am eigenen Können ist die Fachwerkstatt die bessere Wahl, was keine Einladung zum lockeren Rumfummeln an Trommelbremsen sein soll.

● Am Schauglas des Bremsflüssigkeits-Behälters Pegelstand kontrollieren, Behälter muss dabei waagerecht stehen. Ist der Spiegel unter die «Lower»-Marke gesunken, Deckel samt Mem-

Bild 38
«Sicherungsautomat» mindestens 30 sec abkühlen lassen vor wieder einschalten

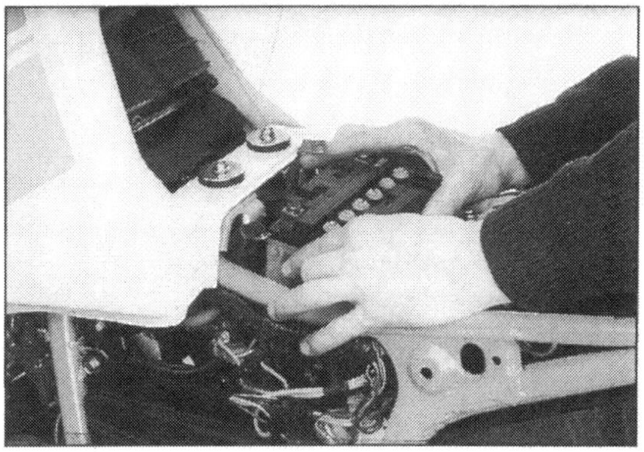

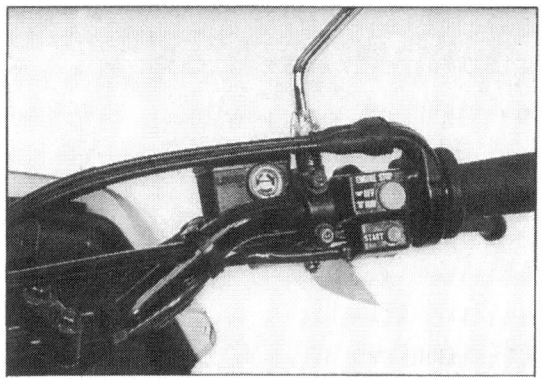

Bild 39
Einbaulage/Batterie neuere Ausführung/TENERE

Bild 40
Pegel muss über «LOWER» liegen

Bild 41
Flüssigkeitsbehälter der hinteren Scheibenbremse

brane und Zwischenstück abnehmen, siehe Bilder 40 und 41.

● ⚠ Beim Öffnen des Deckels muss Behälter waagerecht stehen, damit keine Bremsflüssigkeit überschwappt, die sich sehr aggressiv verhält und Lacke angreift.

● Pegelstand bis zur oberen Markierung auffül-

len. Nur Bremsflüssigkeit der Qualität DOT 3 oder DOT 4 verwenden! Da sich Bremsflüssigkeit hygroskopisch verhält, also Wasser anzieht, muss der Behälter immer gut verschlossen sein. Keinesfalls dürfen Verunreinigungen, Schmutz oder Wasser in den Behälter gelangen.

● Wenn Flüssigkeitsstand rasch absinkt, komplettes System nach Undichtheiten absuchen. Einmal jährlich Bremsflüssigkeit erneuern.

● Dazu Deckel des Bremsflüssigkeitsbehälters samt Membran entfernen und passenden, durchsichtigen Schlauch über das Entlüftungsventil am Bremszylinder stülpen, der in einem Glas- oder Metallgefäss endet, siehe Bild 42.

● Pumpbewegungen am Bremshebel fördern die Flüssigkeit zum Auffanggefäss.

● TIP Schön langsam pumpen und den Hebel zwischendurch immer einige Sekunden in Ruhestellung belassen, um zu gewährleisten, dass sich das System luftfrei füllt.

● Währenddessen in den Behälter am Lenker zügig Bremsflüssigkeit nachgiessen, damit keine Luftbläschen ins System gelangen können.

So wird mit der neuen Bremsflüssigkeit die alte weggespült.

● Tritt am Entlüftungsschlauch keine Luft mehr aus, Bremshebel noch einmal langsam anziehen und gleichzeitig Entlüftungsventil schliessen.

3.18 Bremsbelagverschleiss

Auch die beste Bremse funktioniert nur mit ordentlichen Belägen. Deshalb ist die regelmässige Kontrolle der Belagstärke so wichtig.

● Belagstärke der vorderen und hinteren Scheibenbremsen kontrollieren (ältere Ausführung: von schräg vorn Nutstärke des Belags kontrollieren, siehe Bilder 43 und 44 / neuere Ausführung: Gummiverschluss-Stopfen abnehmen und Belagstärke kontrollieren, siehe Bilder 45 und 46). Klötze austauschen, wenn die Belagstärke die Markierung erreicht hat. Austausch der Klötze ist auf Seite 41 beschrieben.

● Auch die Beläge der hinteren Trommelbremse

Bild 45
Bremsbelagkontrolle
neuere Typen

Bild 46 ▶
Verschleissanzeiger
neuere Typen

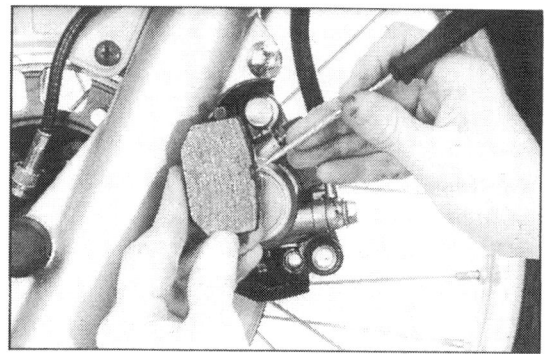

können überprüft werden, ohne die Bremse zu zerlegen.

Dazu Bremspedal maximal heruntertreten, wobei der Pfeil auf dem Bremsnockenhebel die Markierung auf dem Bremsdeckel nicht verlassen darf (siehe Bild 47).

● Decken sich Pfeil und Markierung, Bremsbakken erneuern (siehe Seite 44).

3.19 Bremspedal und Bremslichteinstellung

In Notsituationen ist es äusserst wichtig, dass die Bremswirkung sofort ohne Verzögerung eintritt. Deshalb muss die Position des Fussbremspedals und des Handbremshebels der Fuss- bzw. Handstellung des Fahrers angepasst werden.

● Zum Korrigieren des Handbremshebels Gegenmutter SW 10 lösen, mit Kreuzschlitzschraubenzieher Einstellschraube auf gewünschte Hebellage einstellen und Gegenmutter anziehen (siehe Bild 48).

● Bremspedaleinstellung/Scheibenbremse: Gegenmutter in Bild 49 lösen und durch Verdrehen der Spindel Pedal einstellen. Anschliessend wieder kontern.

● ⚠ Spindel muss in der Querbohrung des Muttergewindes sichtbar bleiben.

● Bremspedaleinstellung/Trommelbremse: Gegenmutter in Bild 50 lösen und durch Verdrehen der Einstellschraube SW 10 gewünschte Pedallage herstellen.

Anschliessend wieder kontern.

● ⚠ Bis zum Einsetzen der Bremswirkung sollten am Trittsteg des Bremspedals 20–30 mm Weg liegen.

Leerweg kann mit der Mutter hinten am Bremsgestänge von Hand eingestellt werden, siehe Bild 51. Der vordere Bremslichtschalter kann nicht eingestellt werden, der hintere sollte in Aktion treten, bevor die Bremswirkung der Hinterradbremse einsetzt. Die Einstellung wird durch Drehen der Rändelmutter von Hand vorgenommen, siehe Bild 52.

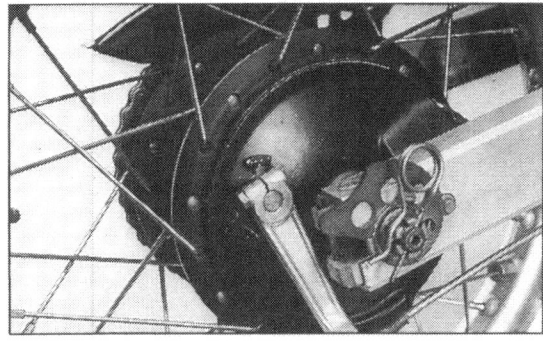
Bild 47
Verschleissanzeiger Trommelbremse

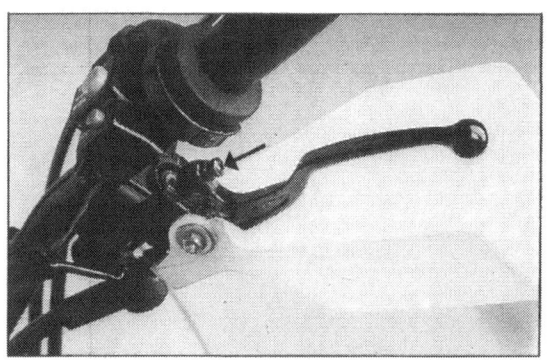
Bild 48
Handbremshebel-Einsteller

Bild 49
Bremspedaleinsteller/ Scheibenbremse

Bild 50
Bremspedaleinsteller/ Trommelbremse

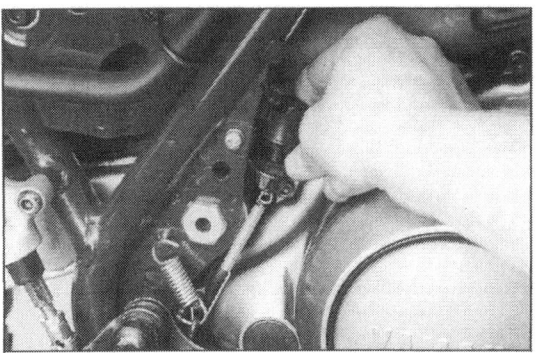
◀ Bild 51
Leerweg einstellen

Bild 52
Bremslicht einstellen

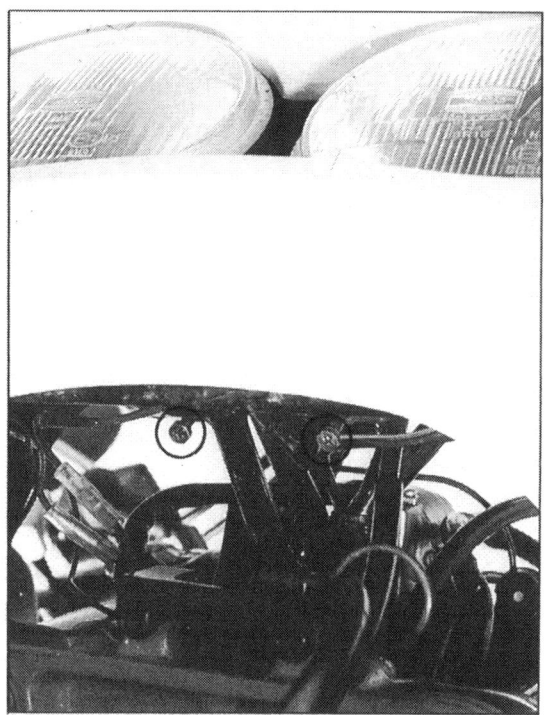

Bild 53
Scheinwerfereinsteller unten

Bild 54 ▶
Scheinwerfereinsteller innen

3.20 Scheinwerfereinstellung

Wesentlicher Sicherheitsfaktor bei Nachtfahrten ist ein korrekt eingestellter Scheinwerfer.
TENERE ab Bj. '88:
● Die Höheneinstellung des Scheinwerfers erfolgt über die Kreuzschlitzschrauben unten in der

Bild 55
Spannzunge/Birnenhalter

Verkleidung, siehe Bild 53.
● Die seitliche Einstellung erfolgt durch Verdrehen der Sechskantschraube am Scheinwerfer in der Verkleidung (Siehe Bild 54).
● Zum Wechseln der Scheinwerferbirne Steckkontakt und Gummitülle abziehen, Spannbügel lösen und Birnchen entfernen (siehe Bilder 54 und 55). Wiedereinbau in umgekehrter Reihenfolge.
Übrige Ausführungen:
● Höhenverstellschraube befindet sich oben links über dem Scheinwerferglas. Verstellschraube für die Senkrechte befindet sich rechts unter dem Scheinwerferglas.
● Wechsel der Scheinwerferbirne: vier Schrauben des Windabweisers ausdrehen und abnehmen. Gummitülle abnehmen und Bajonettverschluss mit Drehung im Gegenuhrzeigersinn öffnen und Birnchen entnehmen. Montage in umgekehrter Reihenfolge.
● TIP Birnenglas nicht mit der Hand berühren, da sonst Lebensdauer und Leuchtkraft negativ beeinflusst werden können.

3.21 Kupplung

Um zu verhindern, dass die Kupplung ungewollt bei Belastung durchrutscht, wird am Handhebel ein Sicherheitsspiel eingestellt. Es soll an der Spitze des Kupplungshebels 10 mm betragen.
● Korrekturen mit der Einstellschraube am Kupplungsseilzug nach Lösen der Gegenmutter vornehmen, siehe Bild 56.
● Sämtliche Kickstarterausführungen weisen

am unteren Ende des Zuges eine zusätzliche Einstellmöglichkeit auf, siehe Bild 57.
● Alle 12000 km Spiel Druckstange/Druckhebel überprüfen, siehe Bild 251, Seite 69.

3.22 Seitenständer

● ⚠ Der Seitenständer muss bei Entlastung selbsttätig mit leichtem Schwung zurückklappen, falls der Seitenständer nicht mit einem Kurzschluss-Schalter ausgerüstet ist. Federn dürfen keine Beschädigung und keinen Spannungsverlust aufweisen.

3.23 Lenkkopflager

Wenn das Motorrad in langgezogenen Kurven plötzlich nicht mehr den gewohnt sauberen Strich ziehen will, und wenn es beim kurzen Antippen der Vorderradbremse verdächtig im Lenker knackt, dann hat das Lenkkopflager zuviel Spiel.
● 👓 Zum Prüfen des Lagers Maschine auf einer Kiste oder ähnlichem aufbocken, oder, so vorhanden, auf Hauptständer stellen. Wenn sich der Lenker ungleich bewegt, schleift, oder Vertikalspiel aufweist, Lager nachstellen. Dabei sichergehen, dass Lenkbewegung nicht durch Kabelbäume oder Züge behindert wird.
● Tank abbauen, Lenker abbauen (vier Schrauben SW 12) und nach vorne legen. Gegenmutter SW 22 des Lenkschaftrohrs lösen, siehe Bild 58.
● Gabelklemmfäuste der Gabelbrücken (Sechskant SW 12) lockern und obere Gabelbrücke abnehmen.
● Nutenmutter zunächst lockern und dann wieder anziehen, bis kein Spiel mehr spürbar, aber Lenkung noch leichtgängig ist, siehe Bild 59.
● Gabelbrücke wieder aufsetzen und Standrohre provisorisch einschieben. Gabelschaftrohrmutter anziehen (95 Nm), siehe Bild 60.
● Standrohre vor Anziehen der Klemmschrauben mehrmals verdrehen, um spannungsfreie Montage der Gabelbrücken zu gewähren.
● Lenker wieder montieren.

3.24 Federung

Teleskopgabel arbeitet mit Luftunterstützung. Je nach Typ gibt Yamaha unterschiedliche Stan-

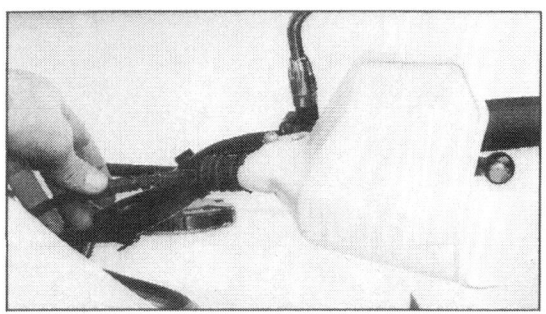
Bild 56
Kupplungseinsteller

Bild 57
Zusätzlicher Einsteller
Kickstartertypen

Bild 58
Lenkschaftmutter SW 22

Bild 59
Nutmutter gefühlvoll anziehen

Bild 60
Lenkschaftmutter
Anzugsmoment 95 Nm

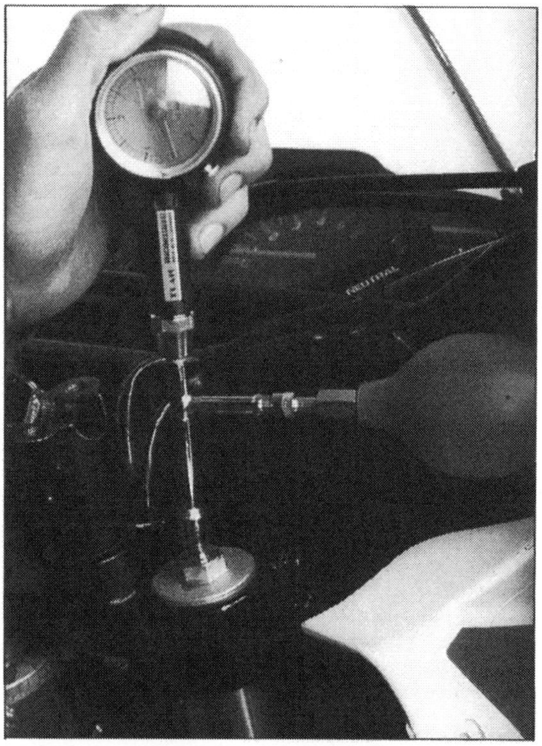

Bild 61
Gerade Anschlussventile der neueren Typen machen Lenkerdemontage zum Aufpumpen der Gabel notwendig. Keine Tankstellenpumpen oder -Messgeräte verwenden, nur Präzisionswerkzeug bringt sinnvolle Ergebnisse

Bild 62 ▶
Schmiernippel an der Schwinge links und rechts

Bild 63
Schmiernippel/Relaisarm hinter Gummikappe

Bild 64
Schmiernippel/Pleuel-Arm

dardluftdrücke (von 0 bar bis 0,6 bar / siehe Technische Daten) an. Die Ölfüllung ist als Dauerfüllung disponiert. Von Zeit zu Zeit prüfen, ob in beiden Beinen gleich hoher Druck herrscht, da sich die Gabelbeine durch Federbewegung selbsttätig aufpumpen können, siehe Bild 61.

● Wirkung der Telegabel durch mehrmaliges Einfedern prüfen, dabei zeigt sich, ob Tauchrohre etwa durch verspannten Einbau an der freien Beweglichkeit gehindert sind.

● Simmerringe der Telegabel dürfen keine Undichtheiten zeigen. Sonst defekte Teile erneuern, wie ab Seite 42 beschrieben.

Die Hinterhand der Einzylinder wird über Hebelgelenke und ein zentrales Federbein abgefedert, dessen Federbasis stufenlos und die Dämpfung vierfach verstellbar ist (Einstellung siehe Seite 56, Kapitel Zusammenbau).

● Wirkung des Federbeins mit 5-fach verstellbarer Zugstufendämpfung (Einstellung siehe Bild 184 und Technische Daten) durch mehrmaliges Einfedern prüfen.

● Alle Gelenkverbindungen auf Festsitz prüfen. Darauf achten, dass sie weder beschädigt noch verzogen sind.

● Hebelgelenke alle 6000 Kilometer mit Fettpresse abschmieren (siehe Bilder 62–64).

3.25 Muttern, Schrauben, Befestigungsteile

Im Lauf der Zeit kann es vorkommen, dass sich

Muttern oder Schrauben am Motorrad durch feine Vibrationen lösen.

● ⬤ Deshalb nach jeweils 6000 Kilometern im Rahmen einer Inspektion alle Fahrgestellmuttern und -schrauben kontrollieren. Sie müssen mit den vorgeschriebenen Drehmomentwerten angezogen sein.

● ⬤ Zudem alle Sicherungsklammern und Splinte auf korrekten Sitz kontrollieren.

3.26 Räder, Reifen

Bei dem gegebenen komplexen Fahrverhalten eines zweirädrigen Einspurfahrzeugs ist es ratsam, grössere Wartungsmassnahmen an den schönen Drahtspeichenrädern der Transalp nur einen Fachbetrieb oder eine Honda-Werkstatt durchführen zu lassen. Eine einfache Kontrolle, wann das nötig ist, wird folgendermassen durchgeführt:

● Klangprobe: Die einzelnen Speichen werden zum Klingen gebracht, indem man sie mit einem Schraubenzieher leicht anschlägt.

● Speichen abweichender Tonhöhe werden entsprechend markiert (hoch/tief).

● Ergibt sich ein eindeutiges «Klangbild», das heisst, hohe Speiche liegt tiefer Speiche gegenüber, kann mit aller zu Gebote stehenden Feinfühligkeit am Speichennippel (hoher Ton: lockern – tiefer Ton: anziehen), korrigiert werden.

Beim geringsten Zweifel an den eigenen Fähigkeiten: siehe oben.

Auch die Reifen dürfen keine Risse oder sonstige Beschädigungen aufweisen. Reifenluftdruck bei kalten Reifen messen.

Reifen erneuern, wenn Profiltiefe vorn nur noch 1,5 mm und hinten 2,0 mm beträgt (Luftdruck siehe Seite 106, Technische Daten).

4 Demontage

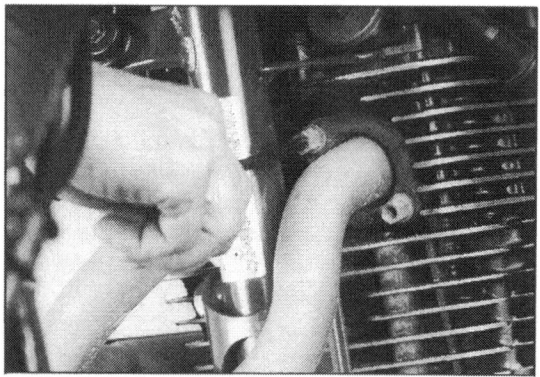

Wie in Kapitel 3 gezeigt, lassen sich alle routine-mässigen Wartungsarbeiten bei eingebautem Motor erledigen. Doch schon Überholungsmass-nahmen am Zylinderkopf oder Kolben/Zylinder machen eine Motordemontage erforderlich. Falls keine Motorhaltevorrichtung vorhanden ist und eine Totaldemontage ansteht, empfiehlt es sich, bei der TENERE vor Motorausbau die Baugrup-pen Anlasser, Zünd-/Lichtmaschine sowie Kupp-lung/Primärantrieb zu demontieren. Das senkt das Gewicht des Rumpfmotors und macht einen Helfer beim Herausheben des Motors zwar nicht unnötig, aber er ist nicht mehr unabdingbar.

Bild 65
Krümmer demontieren

Bild 66
Krümmer/Schalldämpfer
SW 12

Bild 67 ▶
Schalldämpfer-Befestigung

4.1 Vorarbeiten

Bei der Auflistung der Arbeitsgänge wird von einer Totaldemontage ausgegangen. Deshalb bei Vergasertrouble getrost Arbeitsgang «Krümmer/Schalldämpferdemontage» auslassen.

4.1.1 Öl ablassen (siehe Seite 19)

4.1.2 Tankdemontage (siehe Seite 15)

● Bauchverkleidung drei Sechskantschrauben SW 10 entfernen.

4.1.3 Krümmer/Schalldämpfer demontieren

● Am Zylinderkopf jeweils zwei Muttern SW 10 lösen (siehe Bild 65).

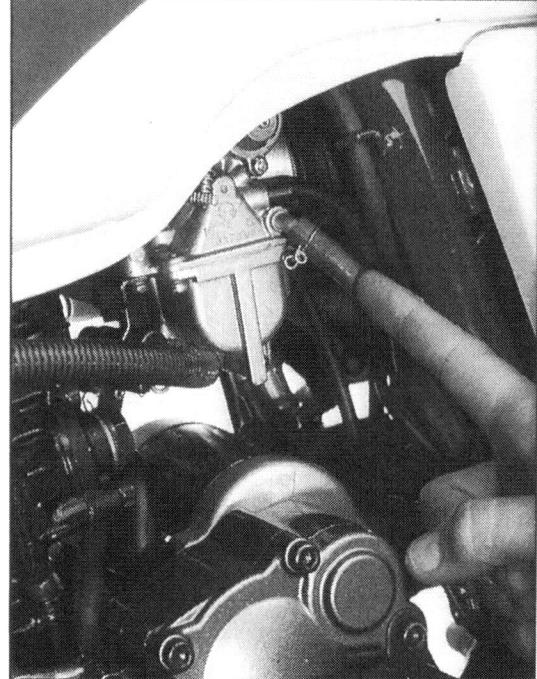

Bild 68
Sprit-Zulaufschlauch

● Schraube SW 12 in Bild 66 demontieren. Krümmer abnehmen. Auspufftopf-Befestigungsschrauben in Bild 67 eingekreist.

4.2 Vergaser

● Kraftstoffschlauch zur Benzinpumpe und Unterdruckansteuerung abziehen, siehe Bild 68.
● Choke- und Gasseilzug wie ab Seite 16 beschrieben aushängen.
● TENERE ab Bj. 86: Luftfilterdom demontieren.
● Schlauchbänder zum Zylinderkopf und zum Luftfilter hin lösen und Vergaser nach unten seitlich entnehmen.
● TIP Vergaser können zerlegt werden, ohne sie zu trennen.

Im Folgenden wird von Vergaser 1 gesprochen, wenn es sich um den direkt angesteuerten Schiebervergaser handelt, von Vergaser 2, wenn es sich um den unterdruckgesteuerten rechten Vergaser in Registeranordnung (d. h. versetztem Ansprechen der Drosselklappe) handelt.
● Vergaser 1: Vier Kreuzschlitzschrauben von unten herausdrehen und Schwimmerkammerdeckel abnehmen, siehe Bild 69.
● Leerlaufdüse, Hauptdüse, Mischrohr und Gemisch-Regulierschraube ausdrehen. Schwimmerachse mit Zängchen seitlich herausziehen. Schwimmer samt Ventilkegel entnehmen. Darunter sitzt der mit einer Kreuzschlitzschraube gehaltene Ventilsitz samt Siebfilter zum Ausdrehen, siehe Bild 70.
● Gemischanreicherungsventil ausbauen / Bild 71: Zwei Kreuzschlitzschrauben am Ventildeckel ausdrehen.
● ⚠ Deckel steht unter Federdruck.
● Zwei Kreuzschlitzschrauben aus oberem Deckel ausdrehen, Rückholfedern aushängen, seitlich Sicherugsmutter SW 14 auf Betätigungsachse und Kreuzschlitzschraube auf Welle ausdrehen, siehe Bild 72. Betätigungswelle herausziehen (Anzahl und Lage der Zwischenscheiben notieren) und Gelenk samt Schieberkolben entnehmen. Schieber durch Ausdrehen von zwei Kreuzschlitzschrauben von Bodenplatte/Gelenk lösen.
● Vergaser 2: Vier Kreuzschlitzschrauben ausdrehen und oberen Gehäusedeckel abnehmen, es folgt Spiralfeder, Membran mit Kolben und Düsennadel (frühe Typen: Kolben ohne Membran). Siehe Bild 73. Nach Ausdrehen der zwei Kreuzschlitzschrauben im Kolbenboden, Verriegelungsplatte und Düsennadel entnehmen.
● Verschluss-Schlitzschraube des Düsenstocks ausdrehen, es folgt unter leichtem Klopfen Mischrohr und Hauptdüse/Nadeldüse, die von

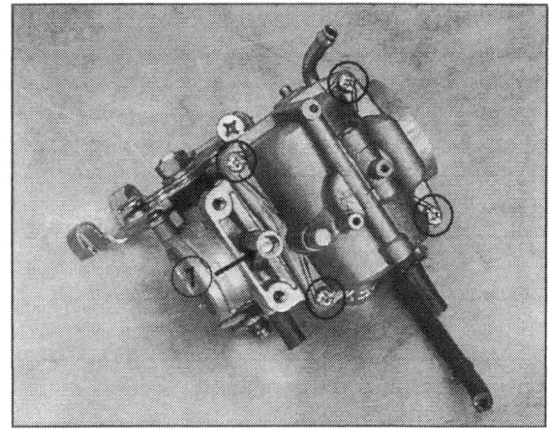

Bild 69
Schwimmerkammer-Deckel
lösen
1 Gemischregulierschraube

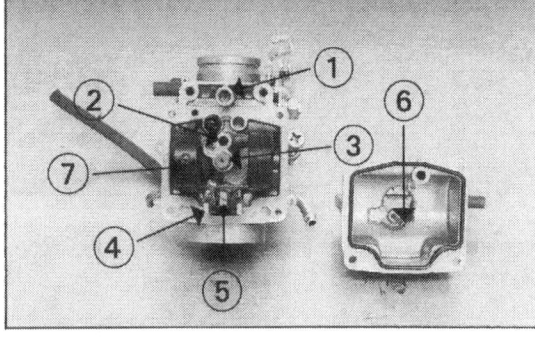

Bild 70
Primärvergaser
1 Gemischregulierschraube
2 Leerlauf-Einstellschraube
3 Hauptdüsenstock
4 Schwimmerachse
5 Schwimmerzunge
6 Überlauf
7 Schwimmer

Bild 71
Schubbetrieb-Anreicherung
1 Schwimmerkammer-
Ablass-Schraube

Hand aus ihrem Sitz gedrückt werden kann. Siehe Bild 74.

4.3 Anlasser

Der Anlasser kann bei eingebautem Motor ausgebaut werden.
● TIP Bei ausgeschalteter Zündung zuerst das negative Kabel der Batterie abklemmen, bevor Arbeiten am Anlasser vorgenommen werden.
● Krümmer demontieren, siehe 4.1.3. Nur neue-

Bild 72
Primärvergaser von oben

re Typen: Ölleitung demontieren: Zwei Sechs-kant-Hohlschrauben SW 12 ausdrehen und Leitung samt Kupferdichtringen abnehmen, siehe Bild 75.

● Plus-Kabel von Anlasser trennen, zwei Sechskantschrauben SW 10 herausdrehen und Anlasser unter Ruckeln nach rechts herausnehmen.

● Seegering mit entsprechender Zange von Welle abnehmen und Zahnrad abziehen, siehe Bild 76.

● Zwei Sechskantschrauben SW 8 ausdrehen, Rück- und Frontdeckel abnehmen. Anker herausführen.

● TIP Anzahl und Lage der Belagscheiben notieren.

4.4 Lichtmaschine und Anlasserfreilauf

Demontagearbeiten des Anlasserfreilaufs machen Spezialwerkzeug, jedoch keinen Motoraus-

Bild 73
Sekundärvergaser von oben

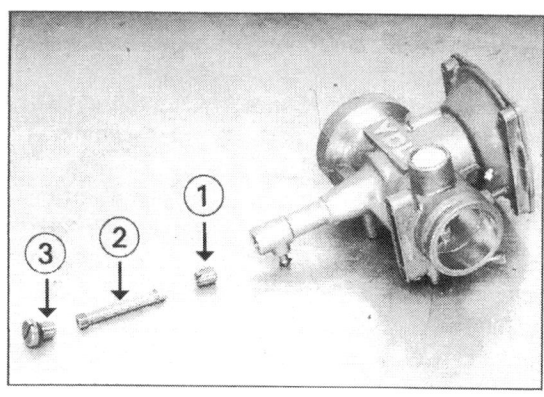

Bild 74 ▶
Sekundärvergaser
neuere Ausführung

Bild 75
Krümmer und Ölleitung
demontieren

Bild 76 ▶
Einzelteile Anlasser

Bild 77
Schalthebel demontieren

Bild 78 ▶
Ritzelabdeckung
abschrauben

◄ Bild 79
Anlassergetriebe-Deckel und Zwischenrad entnommen

Bild 80
Lima-Deckel abschrauben

Bild 81
Rotormutter SW 19 lösen...

Bild 82
... und zum Schutz des Gewindes umgedreht wieder aufschrauben

bau notwendig. Falls kein Schwungradhalter besorgt werden kann, um die Rotormutter zu lösen, muss man sich mit einer «Putzlappenblockierung» des Primärantriebs behelfen, was Demontage des Primärdeckels nötig macht. Einfacher ist die Methode des Gang-einlegens und Hinterrad-blockierens (mit Bremse), die jedoch in hartnäckigen Fällen nicht immer von Erfolg gekrönt ist. Die Demontage des Schwungrads macht jedoch in jedem Fall einen Abzieher unabdingbar.
● Gangschalthebel (SW 10) entfernen, siehe Bild 77.
● Antriebskettenraddeckel (zwei Innensechskantschrauben SW 5) entfernen, siehe Bild 78.
● Stecker der Lichtmaschine am linken Oberzug zu Regler und CDI-Einheit trennen und Stecker samt Kabel freilegen. Mit in diesem Kabelbaum verläuft auch das Leerlaufanzeigekabel (siehe Pfeil in Bild 79).
● Vier Innensechskantschrauben SW 5 am Deckel des Anlasser-Zwischengetriebes ausdrehen, Deckel abnehmen und Zwischenzahnrad samt Welle entnehmen. Auf die beiden Passhülsen achten! Siehe Bild 79.
● Neun Innensechskantschrauben SW 5 am Lichtmaschinendeckel entfernen, siehe Bild 80). Deckel abnehmen und Dichtung entfernen. Auf die beiden Passhülsen achten!
● Mit Schwungradhalter Rotor blockieren und Schwungradschraube SW 19 ausdrehen (siehe Bild 81). Steht dieses feine Werkzeug nicht zur Verfügung, siehe Bild 89, Seite 34, Stichwort «Putzlappenblockierung».
● Schwungradschraube SW 19 umgedreht wieder ansetzen, siehe Bild 82, Rotorabzieher in

Bild 83
Yamaha-Spezialwerkzeug: Rotorabzieher

33

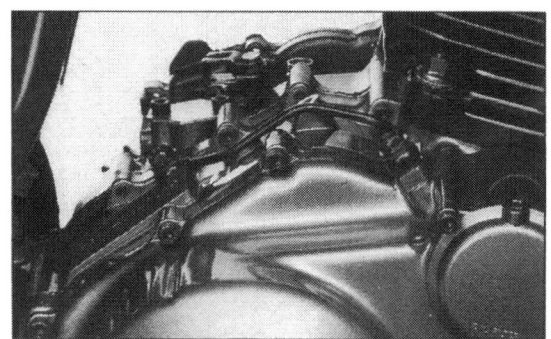

Bild 84
Ölleitung abnehmen
(nur neuere Typen)

Bild 85
Bremspedalfeder ausheben

Bild 86
Kickstarter und Deko-Zug
demontieren

Bild 87 ▶
Ölfilter und Seitendeckel
demontieren

Bild 88
Montageschlitz

Bild 89 ▶
Putzlappenblockierung

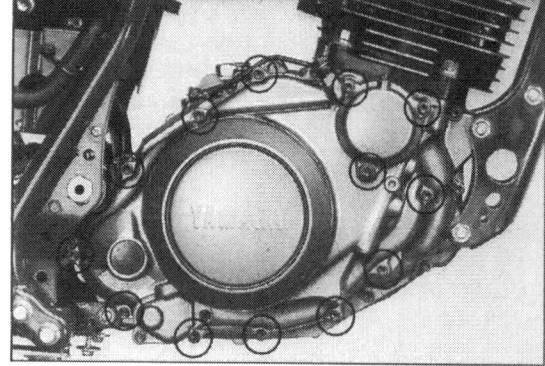

Rotor einschrauben und Abzieher-Spindel anziehen. Mit kurzen trockenen Stahlhammerschlägen auf die Spindel Rotor abziehen, siehe Bild 83.
● Rotor samt Starter-Abtriebsritzel, Nadellager und Scheibe abnehmen.
● Vier Innensechskantschrauben SW 5 an Statorinnenring, zwei Innensechskantschrauben SW 5 an Zündimpulsgeberspulen ausdrehen. Statorwicklung aus Lichtmaschinendeckel entnehmen.
● Falls der Starterfreilauf defekt ist, sechs Innensechskantschrauben ausdrehen und Freilaufring samt Einwegkupplung entnehmen.

4.5 Kupplung, Primärantrieb und Kickstarter/Ölpumpe

● Ölleitung (zwei Hohlschrauben SW 14/Bild 84) entfernen.
● Rückholfeder/Bremspedal und Feder/Bremslicht aushängen. Zwei Schrauben SW 14 ausdrehen und Fussrastenanlage abnehmen, siehe Bild 85.
● Kickstarter demontieren und Dekompressionszug aushängen, siehe Bild 86.
● Zwei Innensechskantschrauben SW 5 ausdrehen, Deckel abnehmen und Mutter SW 10 ausdrehen. Hebelarm mit Feder von Welle abnehmen und Zug aus Widerlager ziehen.
● Ölfilterdeckel (drei Innensechskantschrauben SW 5) und 10 Innensechskantschrauben SW 5 am Gehäusedeckel entfernen (siehe Bild 87). Deckel abnehmen. Auf die zwei Passhülsen ach-

ten. Falls schwergängig, siehe Bild 88/Montage-schlitz!

● Schraube SW 36 auf der Kurbelwelle lösen, blockieren mit fusselfreien verdrillten Putzlappen (siehe Bild 89). Dieser Arbeitsgang entfällt natürlich, wenn es nur darum geht, etwa die Kupplungsbeläge zu erneuern.

● Kupplungsdruckplatte (5 Sechskantschrauben SW 10) entfernen (siehe Bild 90) und Belag- und Stahlscheiben entnehmen.

● Kupplungszentralmutter ist mit einer Blechlasche gesichert. Diese aufbiegen und Mutter SW 30 lösen. Universal-Kupplungskorbhalter verwenden, siehe Bild 91.

● Kupplungskorb komplett abnehmen.

● Kickstarterrückholfeder aushängen und Kickstarterwelle komplett mit einer Vierteldrehung im Gegenuhrzeigersinn entnehmen. Zwischenrad bzw. Blindbuchse bei E-Starter-Ausführung nach Entfernen der Seegeringe mit entsprechender Zange samt Zwischenscheiben entnehmen. Siehe Bild 92.

● Sprengring des Schaltsegments aushebeln, siehe Bild 93, und Segment von der Verzahnung abnehmen. Schaltwalzenarretierung: Feder aushängen und Schraube SW 10 lösen.

● Mutter SW 30 der Ausgleichswelle mit Putzlappenblockierung lösen, siehe Bild 94.

● TIP Auf den Nutenstein achten.

4.5.1 Ölpumpe

● Nylon-Antriebsrad demontieren. Siehe Bild 95. Drei Innensechskantschrauben SW 5 ausdre-

◀ **Bild 90**
Kupplungsdruckplatte
abnehmen

Bild 91
Kupplungszentralmutter
SW 30

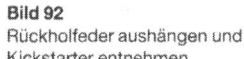

Bild 92
Rückholfeder aushängen und
Kickstarter entnehmen

Bild 93
Sprengring aushebeln

◀ **Bild 94**
Mutter der Ausgleichswelle
lösen

Bild 95
Ölpumpe demontieren

hen und Ölpumpe entnehmen. Auf die beiden O-Ringe zum Gehäuse hin achten!

● Auf der Rückseite der Ölpumpe Kreuzschlitzschraube ausdrehen und Gehäuse gegebenenfalls mit leichten Gummihammerschlägen öffnen. Auf Pass- und Mitnehmerstifte achten! Siehe Bild 96.

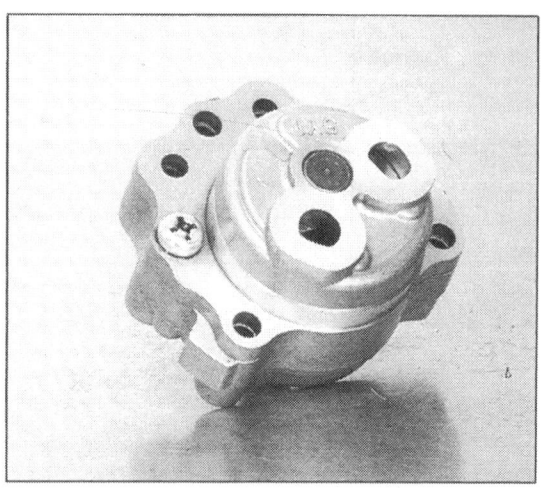

Bild 96
Ölpumpe «von hinten»

Bild 97
Ritzelbefestigung
frühe Typen

Bild 98
Ritzelbefestigung
neuere Typen

Bild 99 ▶
Ölzulauf demontieren

Bild 100
Ölrücklauf demontieren

Bild 101 ▶
Ölkühler demontieren
(hier der ab Bj. '89
verwendete)

4.6 Motorausbau

4.6.1 Ritzeldemontage

● Gangschalthebel und Ritzelabdeckung demontieren wie auf Seite 32 (Bilder 77 und 78) gezeigt. Antriebskettenspannung lockern, siehe Seite 22.

● Ältere Semester: Zwei Sechskantschrauben am Ritzel ruckartig ausdrehen (eventuell Gang einlegen), Sicherungsblech um Zahnbreite verdrehen und Ritzel samt Kette abnehmen. Siehe Bild 97.

● Neuere Modelle: Sicherungsblechlaschen herunterbiegen und Mutter SW 30 ausdrehen, siehe Bild 98. Ritzel eventuell unter Ruckeln abnehmen.

● Motorentlüftungsschlauch abnehmen (siehe Bild 12, Seite 16).

● Schraubkontakt des Leerlaufanzeigekabels und Ölzulaufleitung entfernen. Kabel freilegen (siehe Bild 99).

● Stecker der Lichtmaschinenleitungen am linken Heckoberzug trennen und Kabel freilegen und Lima demontieren (siehe Seite 33).

● Ölrücklaufleitung demontieren: zwei Innensechskantschrauben SW 5 am Flansch ausdrehen und Schlauch abnehmen. Auf O-Ring im Flansch achten. Siehe Bild 100.

● Drehzahlmesserwelle demontieren: Kreuzschlitzschraube (Pfeil in Bild 101) ausdrehen und Welle herausziehen.

● So vorhanden, Ölkühler demontieren, siehe Bild 101, und nach hinten festlegen.

◄ Bild 102
Motor ausbaufertig

Bild 103
Steuerkettenspanner
demontieren

● Bild 102 zeigt die noch verbleibenden Verbindungen Rahmen/Motor nach der Schwingenachsendemontage (siehe Seite 45). Hinterrad und Schwinge selbst brauchen nicht ausgebaut werden.

● Sämtliche in Bild 102 eingekreisten selbstsichernden Muttern, die wiederverwendet werden können, sofern es sich um solche mit Federstahlsicherungszungen handelt, ausdrehen und Motor (ca. 30 kg) seitlich herausheben.

4.7 Zylinderkopf

Den wenigsten von uns wird es vergönnt sein, über einen professionellen Motor-Halteblock zu verfügen. Aber um gelegentlich eine festsitzende Schraube zu lösen, genügt auch ein kräftiger Helfer, der als Gegenhalter fungiert. Darauf achten, dass Teile vom linken Ventil nicht mit denen des rechten vertauscht werden. Der Kolben muss im oberen Totpunkt des Arbeitstaks stehen (spürbares Spiel an allen Kipphebeln; siehe Seite 18 Ventilspielkontrolle).

● Steuerkettenspanner lösen:
Zuerst Sechskantschraube ausdrehen, Feder entnehmen und dann 2 Innensechskantschrauben SW 5, siehe Bild 103 und Seite 49, Prüfen und Vermessen.

● Ventileinstelldeckel von Ein- und Auslass entfernen.

● 16 Innensechskantschrauben SW 5 (in Bild 104 eingekreist) schrittweise über Kreuz lösen. Drehzahlmesserwinkelgetriebe: Schraube SW 5 (Pfeil in Bild 104) ausdrehen. Zylinderkopfdeckel

Bild 104
Zylinderkopfdeckel
demontieren (Schraube unter
Einlassventil-Deckel
beachten! Beide Auslass-
ventil-Deckel demontieren)

Bild 105
Kipphebelwellen ausziehen

Bild 106
Kettenrad lösen

Bild 107
Spannschiene lösen
(zweimal SW 10)

Bild 108
Zugankerschrauben
schrittweise über Kreuz
lösen (Hutmuttern auf der
Unterseite nicht vergessen!)

Bild 109
Spezialwerkzeug
zur Ventildemontage

Bild 110
Ventilkeilnuten entgraten

Bild 111
Hier passt nur
Qualitätswerkzeug

eventuell unter vorsichtigen Gummihammerschlägen abnehmen. Auf die zwei Passhülsen achten!

● Kipphebelwellen mit eingedrehten M 6-Schrauben ausziehen. Siehe Bild 105. Um die Welle des linken Auslasskipphebels auszuziehen, Schraubdeckel vorn links ausdrehen.

● Nockenwellen-Kettenrad (2 Schrauben SW 10 lösen / Bild 106) von Nockenwelle abnehmen und Kettenspannschiene entnehmen (siehe Bild 107 / 2 Schrauben SW 10 lösen). Nockenwelle und Steuerkette entnehmen.

● TIP Falls keine Totaldemontage ansteht, Kettenspannschiene nicht demontieren, und Steuerkette mit Draht gegen Abtauchen in den Kettenschacht sichern.

Der Steuerkettenspanner muss jedoch neu montiert werden, sobald der Gegendruck von ihm genommen worden ist.

● Schraube SW 5 (Pfeil 1 in Bild 103) und 2 Hutmuttern (Pfeil 2 in Bild 103) ausdrehen. 4 Zuganker (siehe Bild 108) schrittweise über Kreuz lockern und ausdrehen.

Falls Zylinderkopf festgebacken, helfen leichte Gummihammerschläge in der Gegend von Ein- und Auslass, um den Kopf zu lockern. Nicht auf die Kühlrippen schlagen! Kopf nach oben abnehmen. Auf die drei Passhülsen (zwei grosse, eine kleine) und den O-Ring der Ölsteigleitung achten!

● Zum Ausbau der Ventile ist Spezialwerkzeug nötig: Der Ventilfederhalter. Mit ihm die Ventilfedern nur soweit zusammendrücken, bis die Ventilkeile mit einer Pinzette entfernt werden können oder herausfallen, siehe Bild 109. Teile nicht mischen!

● TIP Der Ventilausbau ist mit folgendem Trick auch ohne Ventilfederhalter möglich: Eine Nuss mit passendem Durchmesser auf die Aussenfeder legen, mit Hammerschlägen Feder samt Teller niederdrücken, bis Ventilkeile herausfallen. Beim Einbau kann man sich mit einer umfunktionierten Ständerbohrmaschine und passendem Rohrmaterial als Mundstück behelfen.

● Vor Entnahme der Ventile, Ventilkeilnuten auf Aufwerfungen oder Grate untersuchen. Gegebenenfalls mit feinem Ölstein Grate entfernen, siehe Bild 110.

● Ventilschaftdichtungen von Hand abziehen.

4.8 Zylinder/Kolben

● Links am Zylinderfuss vorn und hinten je eine Innensechskantschraube SW 5 ausdrehen. Zwei Hülsenmuttern SW 12 und zwei Muttern SW 14 jeweils vorn und hinten schrittweise über Kreuz lösen. Siehe Bild 111. Um an die in den Kühlrippen liegenden Hülsenmuttern zu gelangen, nur passendes Qualitätswerkzeug verwenden! Keinesfalls hier mit Gabelschlüssel herummurksen.

● Zylinder an den in Bild 112 gezeigten Montagenasen vorn und hinten loshebeln.

● Bevor der Zylinder durch bedachte Gummihammerschläge bei Festsitz gelockert und ganz nach oben abgezogen wird, Zylinderbohrung mit Putzlappen abdecken, damit Bruchstücke eines eventuell gebrochenen Kolbenrings nicht ins Kurbelgehäuse fallen.

● Kolbenbolzen-Sicherungsring ausheben, siehe Bild 113.

● Kolbenbolzen seitlich herausdrücken. Wenn er sich nicht von Hand herausschieben lässt, Bolzenausdrücker verwenden.

● Kolbenbolzen keinesfalls mit Durchschlag austreiben, der Pleuel ist schnell krummgeschlagen!

● Kolbenringe mit beiden Daumen etwas aufweiten und über den Kolben schieben. Ringe nicht zu weit aufbiegen, damit sie nicht deformiert werden oder brechen.

4.9 Kurbelgehäuse

● Die in Bild 114 und 115 eingekreisten Innensechskantschrauben SW 5 lösen. Links (Lima-Seite/Bild 114) und rechts (Primärtrieb-Seite/Bild 115) dabei abwechselnd über Kreuz die Schrauben «knacken» lassen.

● TIP Stellung der Getriebe-Schaltwalze (Leerlauf) und Gehäuse-Aussparung in Bild 115 beachten!

● Rechte Kurbelgehäuse-Hälfte von linker abnehmen, in der die Wellen verbleiben.

● Beim Trennen der Gehäusehälften sind neben einer Holzunterlage gefühlvolle Gummihammerschläge nützlich.

● Im rechten Kurbelgehäusedeckel zur Reinigung Filtersieb und Ölkanaldeckel demontieren, siehe Bild 116.

Bild 112
Montagenasen vorn
und hinten beachten

Bild 113
Sicherungsring ausheben

Bild 114
Schrauben Lima-Seite
(links)

◄ **Bild 115**
Schrauben Primär-Seite
(rechts)

Bild 116
Ölkanaldeckel
und Ansaugsieb

Bild 117
Sämtliche Bauteile verbleiben in der linken Gehäusehälfte

Bild 118
Spezialwerkzeug: Kurbelwellen-Ausdrücker

Bild 119
Benzinpumpe demontieren

Bild 120
Schlauchhalter lösen

4.10 Getriebe

Das Getriebe lässt sich ohne Spezialwerkzeug ausbauen.

● Schaltwellensegmente entnehmen, Schaltgabelschienen herausziehen und Schaltgabeln entnehmen. Es folgt die Schaltwalze. Siehe Bild 117.
● Getriebewellen entnehmen. Die Zerlegung der Getriebe-Hauptwelle erfordert eine starke Presse und ist somit Sache der Fach- bzw. Yamaha-Werkstatt. Getriebe-Nebenwelle kann leicht mit Seegering-Zange zerlegt werden.
● Einzelteile in Reihenfolge des Ausbaus aufbewahren und notieren.

4.11 Kurbelwelle

● Linke Gehäusedeckel-Hälfte auf 100°C gleichmässig erwärmen und Kurbelwelle samt Lager entnehmen.
● Zeigt sich die Welle unwillig zu weichen, handelsüblichen Abdrücker (siehe Bild 118) verwenden. Keine schlagartigen Drücke auf die Welle geben, falls das Lager wiederverwendet werden soll. Auf dem Yamaha-Ersatzteilweg ist es nur komplett mit Kurbelwelle und Pleuel zu erhalten!

4.12 Lager- und Wellendichtringe

Wellendichtringe bei jeder Motordemontage grundsätzlich erneuern. Sie können leicht ausgehebelt werden. Das Erneuern der Lager sollte man der Yamaha-Werkstatt bzw. einem Fachbetrieb überlassen. Die Kosten für Spezialabzieher und Dorne stehen für den Privatmann in keinem Verhältnis zum Nutzen. Grundsätzlich gilt jedoch, dass das Erwärmen der Gehäusehälften auf etwa 100°C den Ausbau der empfindlichen Reibungsverminderer erleichtert.

4.13 Benzinpumpe

TENEREs ab Bj. '86 (Typ 1VJ) weisen eine vakuumgesteuerte Benzinpumpe auf, da der Benzinpegel unter Schwimmerniveau sinken kann.
● Zwei Muttern (siehe Bild 119) lösen und Pumpe abnehmen. Auf der Rückseite Führungsschelle des Entlüftungsschlauchs lösen, siehe Bild 120. Schläuche von Benzinzu- und -ablauf, so-

wie von der Unterdruckansteuerug (vom Einlass her) lösen.
● Kleiner Ventildeckel: drei Kreuzschitzschrauben ausdrehen, es folgen Feder und Membran.
● Pumpengehäuse: sechs Kreuzschlitzschrauben ausdrehen und Gehäusedrittel eventuell mit leichten Gummihammerschlägen trennen. Nicht die feinen Membranhäute beschädigen!

4.14 Frontpartie

4.14.1 Bremsbelagerneuerung und Hydraulikanlage

Es wurde zwar schon im Kapitel «Wartung» erwähnt, trotzdem hier nochmals die Warnung: Wer wenig Durchblick in die Funktion einzelner Bremsbauteile hat, sollte die Finger von dieser überlebenswichtigen Baugruppe lassen und lieber einen absoluten Spezialisten mit deren Betreuung beauftragen. Die Bremse muss jederzeit hundertprozentig in Ordnung sein!
Bei der Bremsbelagerneuerung gilt es zwischen der alten Ausführung des Bremssattels und der neuen zu unterscheiden. Alte Ausführung wird bei der TENERE bis Bj. 85 und bei der XT 600 bis Bj. 86 je einschliesslich verwendet.
● Alte Ausführung: Stützschraube (Innensechskant SW 6 / Pfeil in Bild 121) ausdrehen und am linken Tauchrohr zwei Schrauben SW 14 lösen, Bremssattel komplett abnehmen. Bremsschlauchbefestigung am Tauchrohr lösen.
● Neue Ausführung: Schraube SW 12 ausdrehen und Bremssattel nach oben klappen. Siehe Bilder 122 und 123.
● Beläge und Federblech aus Bremssattel entnehmen.
● Bremssattel von Bremssattelhalter und Bremsschlauch lösen. Auffanggefäss (Metall oder Glas) für die äusserst aggressive Bremsflüssigkeit bereithalten. Ein paar Tröpfchen, die da immer noch raustropfen, können schon grossen gesundheitlichen und finanziellen Schaden anrichten!
● Druckluft in das Bremsschlauch-Anschlussgewinde blasen, um die Kolben herauszustossen. Einen Lappen um den Bremssattel legen, um die Kolben weich aufzufangen. Vorsicht im Umgang mit Druckluft! Vorsichtig dosieren, Mündung der Blaspistole nicht zu dicht an die Einlassöffnung halten!
● Kolbendichtringe hineindrücken und mit Schraubenzieher heraushebeln, wobei die Ringe zerstört werden.
● TIP Vorsicht beim Entfernen der Dichtringe, Kolbengleitflächen nicht beschädigen!

Bild 121
Zuerst Stützschraube 1 lösen, dann Bremssattel lösen

Bild 122
Schraube SW 12 ausdrehen...

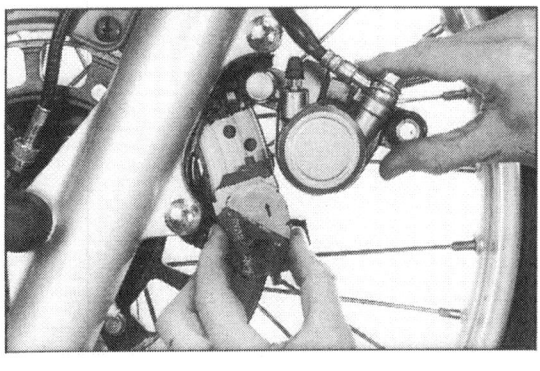

Bild 123
... und Sattel nach oben klappen

Beim Zerlegen des Handbremszylinders gelten natürlich dieselben Vorsichtsmassnahmen in punkto Bremsflüssigkeit.
● Bremsflüssigkeit ablassen. Siehe Seite 23.
● Bremshebel samt Steinschlagschutz demontieren.
● Schlauchanschluss und Bremslichtanschluss trennen, Gehäusebefestigung lösen und Zylinder vom Lenkrohr abnehmen. Staubkappe mit zarter Spitzzange «herauspopeln» und Seegerring mit entsprechender Zange entfernen. Es folgen Kolben und Feder. Siehe Bild 124.

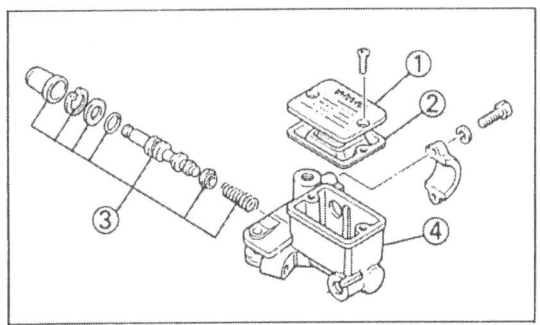

Bild 124
Geberzylinder
1 Deckel
2 Membran
3 Hauptbremszylindersatz

Bild 125
Bremsscheibenabdeckung,
Tachowelle und Achsmutter
demontieren

Bild 126 ▶
Achsklemmfaust lockern
(SW 10)

Bild 127
Gabelölablass-Schraube

Bild 128
Gabelklemmfaust lockern
und Verschluss-Schraube
ausdrehen

Bild 129
Staubdichtung entfernen

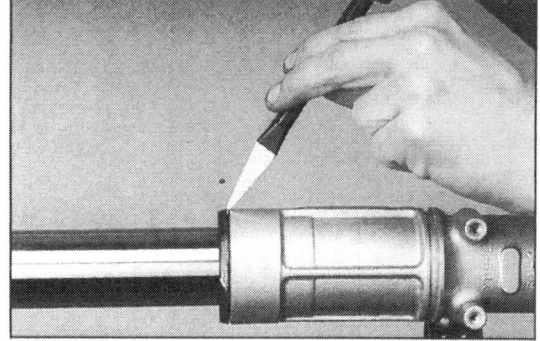

4.14.2 Radausbau

Vor Beginn der Arbeiten für sicheren Stand der Maschine sorgen und mit Kiste oder ähnlichem so unterbauen, dass sie nicht unversehens nach vorn kippt, auch wenn sie mit einem Hauptständer aus dem Zubehörhandel ausgerüstet ist.

● Tachowelle: geränderte Überwurfmutter ausdrehen und Welle ausziehen.

● Bremsscheibenabdeckung, so vorhanden, abnehmen.

● Links splintgesicherte Achsmutter ausdrehen, siehe Bild 125, rechts vier Schrauben SW 10 lockern, siehe Bild 126. Achse ausziehen und Rad entnehmen.

● Links an der Radnabe Tachoantriebsdeckel entnehmen. Rechts auf Distanzstück achten.

● Bremsscheibe (6 Schrauben SW 10) lösen und abnehmen. Austreiben der Radlager siehe Seite 44.

4.14.3 Teleskop-Gabel

● Vor Gabeldemontage Gabelöl ablassen, siehe Bild 127.

● TIP Einfedern der Gabelbeine beschleunigt zwar den Ablauf, doch tritt das Gabelöl unter Druck fast waagerecht aus der Ablassbohrung heraus.

● Zwei Schrauben SW 12 je Gabelklemmfaust lösen, obere Gabelverschlussschraube SW 17 entfernen (auf O-Ring achten). Je nach Gabelausführung (siehe Technische Daten) Vorspann-Zwischenstück oder kleine Vorspannfeder und Sitzscheibe von Hand entnehmen. Gabel nach unten herausziehen, eventuell unter Hin- und Herdrehen, siehe Bild 128.

● Gabelfeder entnehmen und Gabelöl austropfen lassen.

● Staubmanschette, wie in Bild 129 gezeigt, entfernen und Anschlag-Federring ausheben. Siehe Bild 130.

● Untere Gabelverschlussschraube (Innensechskant SW 6) ausdrehen, siehe Bild 131.

● Tauchrohr gut geschützt in Schraubstock spannen und Standrohr nach dem Ziehhammer-

Prinzip unter kräftigen Ruckbewegungen samt Wellendichtring und Stützring auszuziehen.

● Gleitbuchsen und Kolbenring des Dämpferkolbens, der jetzt aus dem Tauchrohr rausgeschüttelt wird, lassen sich leicht von Hand demontieren, ist jedoch zur Sichtprüfung nicht nötig.

Bild 130
Federring aushebeln

4.14.4 Lenkkopflager

Zum Ausbau der Lenkkopflager vorher die zur Spieleinstellung notwendigen Vorarbeiten wie auf Seite 27 beschrieben ausführen.

● Einstellmutter ganz ausdrehen, siehe Bild 132. Untere Gabelbrücke/Gabelschaftrohr nach unten entnehmen.

● Nur mit Glück wird es möglich sein, Lagerschalen oben und unten im Lenkkopf mit entsprechend langem und kräftigem Dorn von oben bzw. unten mit Stahlhammerschlägen schrittweise über Kreuz auszutreiben. Normalerweise erlaubt der nur geringe Überstand der Lagerscha-

Bild 131
Untere Gabelverschluss-Schraube

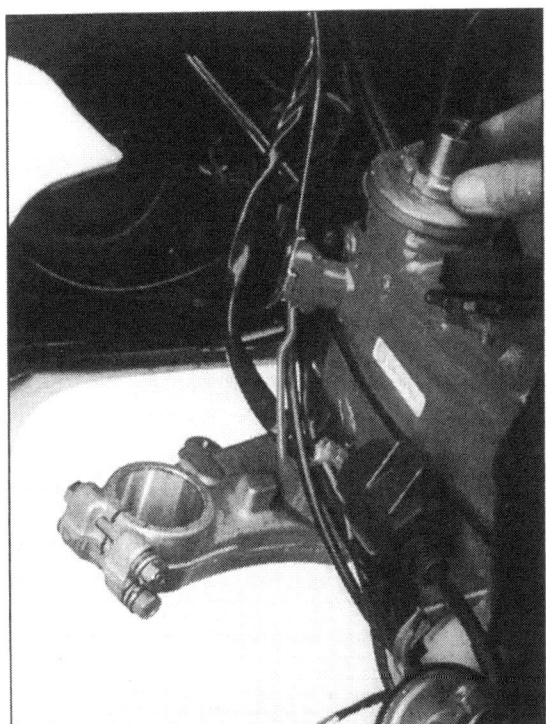

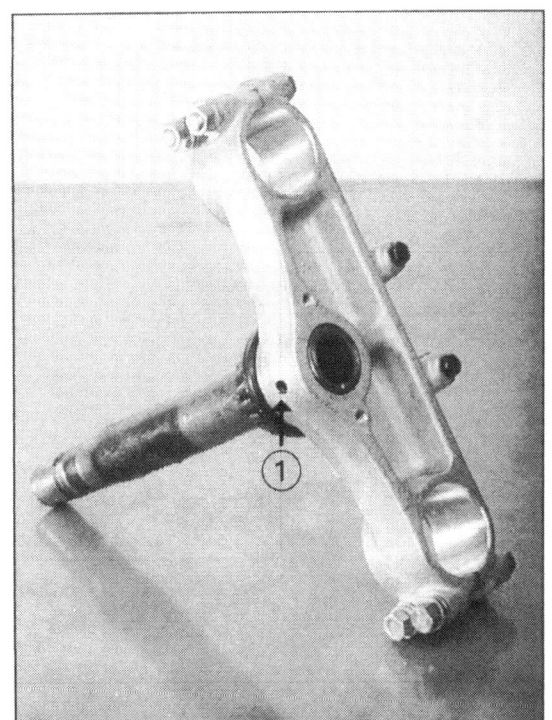

◄ **Bild 132**
Nutmutter lösen

Bild 133
Stift 1 ausbohren und Schaftrohr auspressen

◄ **Bild 134**
Splint ausziehen

Bild 135
Bremsbacken aushebeln

Bild 136
Bremsscheibe demontieren

Bild 137
Belagausbau wie vorne
(neuere Typen)

Bild 138
Dichtringe ausheben

len über den Lagersitz nur eine Demontage mit Spezialwerkzeug, ist somit also Sache der Yamaha-Werkstatt.

● Falls sich der untere Laufring mit Hammer und Durchschlag nicht vom Sitz treiben lässt, Verstiftung ausbohren und Lenkschaftrohr aus Gabelbrücke auspressen. Siehe Bild 133.

4.15 Heckpartie

Motorrad auf Kiste oder ähnlichem stabil untermauern.

4.15.1 Hinterradausbau

● Splint entfernen und je nach Typ am Schwingenende entweder Innensechskantschraube SW 5 ausdrehen oder splintgesicherten Stift entfernen. Bei Scheibenbremsenausführung Bremsankerschraube SW 14 lockern, siehe Bild 134. Bei Trommelbremsenausführung Flügelmutter am Bremsgestänge ausdrehen.
Achse (SW 24 / Mutter SW 22) ausziehen und Kette abheben. Auf Distanzhülse jeder Seite achten!

● Bremsankerplatte aus Trommel entnehmen.

● Einbaulage der Bremsbacken vor dem Entfernen markieren und mit kräftigen Schraubenziehern ausheben, siehe Bild 135.

● Nachdem der Bremsnockenhebel (SW 10) entfernt ist, lässt sich der Bremsnocken von Hand ausdrücken.

● Bremsscheibe nach Lösen von sechs Schrauben SW 10 abnehmen. Siehe Bild 136.

● Belagwechsel und Bremssatteldemontage wie vorn, Ausführung «neu». Siehe Seite 41 und Bild 137.

● Kettenblattträger (Abtriebsflansch) von Hand abnehmen.

● Zum Entfernen des Kettenblattes Sicherungsblechlaschen flachbiegenund sechs Muttern SW 14 lösen.

● Wellendichtringe ausheben, siehe Bild 138.

● TIP Zum Austreiben der Lager Radnabe bzw. Abtriebflansch auf elektrischer Kochplatte anwärmen.

● Distanzhülse zwischen den Radlagern ausheben. Lager mit 10-mm-Dorn mit leichten Schlägen schrittweise über Kreuz austreiben, siehe Bild 139.
Nach dem Ausbau des einen Lagers Distanzhülse entnehmen und gegenüberliegendes Lager austreiben.

◄ **Bild 139**
Lager austreiben

Bild 140
Obere Befestigung
des Federbeins bei neueren
Typen etwas versteckt

4.15.2 Federbein

Schwinge muss nicht ausgebaut werden!
● Obere Federbeinbefestigung lösen, siehe Bild 140.
● Untere Federbeinbefestigung Staubschutz und Splint entfernen. Gelenkbolzen ausziehen, siehe Bild 141. Federbein herausführen.
● TIP Der Stossdämpfer enthält hochkomprimiertes Stickstoffgas und Öl! Das unter hohem Druck stehende Federbein kann bei unsachge-

Bild 141
Untere Befestigung mit
splintgesichertem Bolzen

◄ **Bild 142**
Pleuel-Arm vom Rahmen
lösen

Bild 143
Relais-Arm demontieren

Bild 144
Achsmutter SW 22 lösen

mässer Handhabung schwere Verletzungen verursachen! Die Beseitigung eines verschlissenen Federbeines ist Sache der Yamaha-Werkstatt. Auf keinen Fall einfach zum Schrott werfen!
● Pleuelstange von Rahmen lösen, siehe Bild 142.
● Relais-Arm von Schwinge lösen, siehe Bild 143.
● Distanzbuchsen und Staubschutzdeckel lassen sich von Hand ausdrücken. Lagerkäfige selbst mit passendem Dorn austreiben.

4.15.3 Schwinge

In diesem Montagezustand Spiel der Schwingenlagerung am Schwingenende prüfen (max. 1 mm Spiel).
● Links selbstsichernde Mutter (SW 22 / siehe Bild 144) ausdrehen.
● Achse ist meist schwergängig, also Schwinge durch «Untermauern» oder Helfer entlasten. Auf die über min. 5 Gewindegänge aufgeschraubte Mutter kurzen trockenen Schlag mit dem Gummihammer geben und so die Schwingachse lösen, siehe Bild 145. Achse nach rechts herausziehen und Schwinge entnehmen.
● Distanzbuchsen und Staubschutzdeckel lassen sich von Hand ausdrücken. Lagerkäfige selbst mit passendem Dorn austreiben.

5 Prüfen und Vermessen

Die ganze Arbeit des Zerlegens nützt wenig, wenn die Teile nur nach augenscheinlicher Begutachtung wieder zusammengebaut werden.

Leider aber stösst der Privatmann beim Vermessen schnell an seine Grenzen, denn mit dem Mess-Schieber allein ist es nicht getan.

Nicht viele haben ihre private Werkstatt mit Messuhr, Messdornen oder Mikrometern in verschiedenen Weiten ausgestattet, und es muss jeder für sich entscheiden, ob sich die Anschaffung dieser teuren Geräte lohnt.

Mit richtigem Messen allein ist es auch nicht getan, wenn der Verschleiss noch in der Toleranz liegt, aber andere, nicht messbare Verschleisserscheinungen oder Beschädigungen vorliegen. Deshalb vertraut der Unerfahrene diese wichtige Arbeit der Werkstatt an.

5.1 Ölpumpe

Wenn das Öl als Lebenssaft des Motors gilt, dann ist die Ölpumpe das Herz des Motors. Deshalb entsprechend kritische Messungen vornehmen.

● Ölpumpe in geöffnetem Zustand mit Fühlerlehre vermessen.

Verschleissgrenze für das Spitzenspiel zwischen Innen- und Aussenrotor beträgt 0,12 mm, siehe Bild 146. Spiel zwischen Aussenrotor und Gehäuse soll 0,03 mm−0,08 mm betragen, siehe Bild 147.

Falls Verschleissgrenzen überschritten, Ölpumpe komplett erneuern. Einzelne Ersatzteile für die Ölpumpe sind nicht erhältlich.

Alle Ölleitungen auf Durchgängigkeit untersuchen. Falls verstopft – Fachwerkstatt.

5.2 Vergaser

● ▣ Unterdruckkolben und Schieberkolben dürfen keine Riefen, Kratzer oder sonstige Beschädigungen aufweisen und müssen im Vergasergehäuse ungehindert auf- und abgleiten kön-

nen. Falls schwergängig: Fachwerkstatt oder erneuern.

● ▣ Düsennadel auf Verschleiss untersuchen, sie darf keine Verbiegung oder sonstige Beschädigungen aufweisen. Die Membran darf keine porösen Stellen oder Risse haben. Falls defekt: austauschen, siehe Bild 148.

● Alle Düsen mit Druckluft durchblasen, keinesfalls mit Nadel oder Draht reinigen! Das feine Filtersieb am Schwimmerventil nicht mit Druckluft ausblasen, sondern mit weichem Pinsel aus-

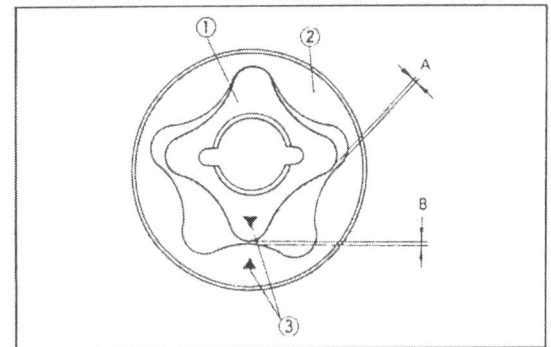

Bild 146
Ölpumpe mit Verschleiss-
Messpunkten A und B

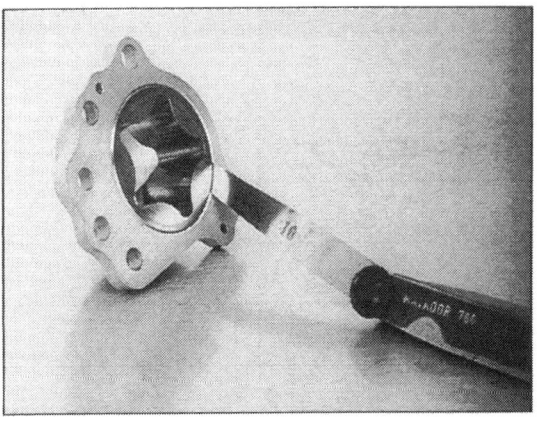

Bild 147
Verschleissmessung
Aussen-Rotor/Gehäuse

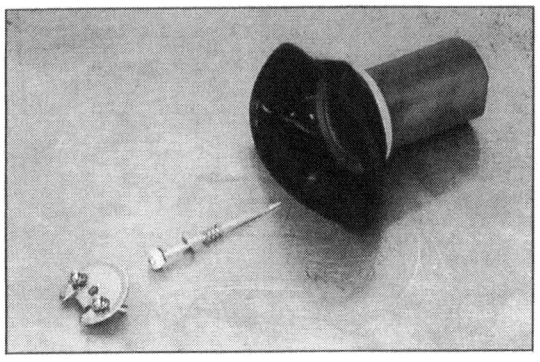

Bild 148
Membran, Unterdruckkolben
und Düsennadel des
Sekundärvergasers

Bild 149
Schwimmer, Ventilkegel und
-Sitz des Primärvergasers

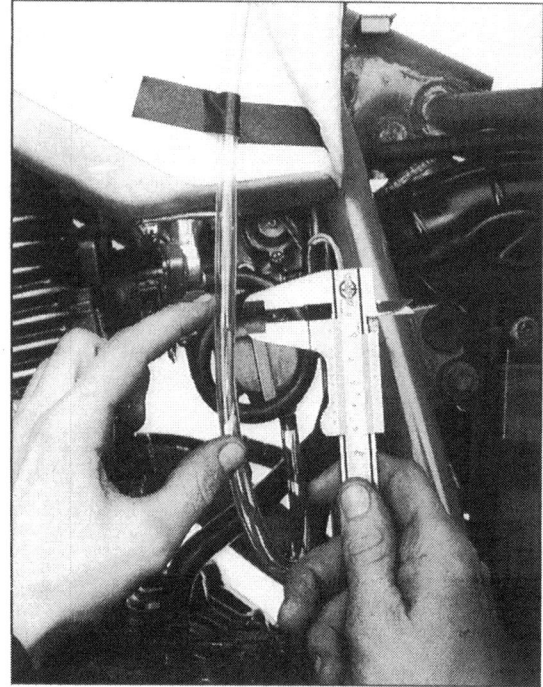

Bild 150
Pegelmessung

Bild 151
Kontrolle des Schwimmer-
niveaus: Mass X beträgt
25–27 mm von der Dichtfläche des auf dem Kopf stehenden Vergasers aus gemessen.
Der federbelastete Ventilkegel
darf dabei nicht eingefedert
sein

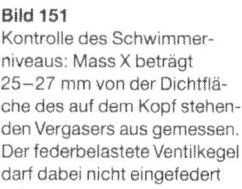

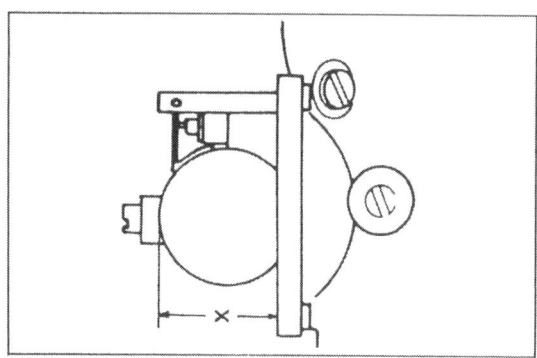

Bild 152
TENERE ab Bj. '89: Ventil
gibt bei höhenbedingtem
geringem Luftdruck
zusätzlichen Luftkanal frei,
um einer Gemisch-Über-
fettung entgegenzuwirken

waschen. Schwimmerventil darf keine Riefen
oder Kerben haben.
● Schwimmer auf Verformungen oder auf
Kraftstoff im Inneren untersuchen. Siehe Bild
149.
● Gemischregulierschraube auf Verschleiss
oder Beschädigungen untersuchen.
● Schwimmerstand in montiertem Zustand
messen: Pegelstand muss bei waagerechtem
Vergaser 5–7 mm unter Oberkante/Schwimmer-
gehäuse liegen. Siehe Bild 150. Durch Nachbiegen der Schwimmerzunge Korrekturen vornehmen.
● Schwimmerstand in demontiertem Zustand messen. Mass X in Bild 151 muss bei
anliegendem, jedoch nicht eingedrücktem Ventilkegel 25–27 mm betragen.
● Membran und Ventil des Luftabsperr-Ven-
tils auf Risse und Brüchigkeit untersuchen. Falls
defekt, austauschen.
TENEREs ab Bj. '88 (Typ 3AJ) weisen zusätzlich
Gemischabmagerungsventil auf. Dieses gibt ab
einer bestimmten Meereshöhe (Luftdruck) einen
zusätzlichen Luftkanal frei, um einer Gemischan-
reicherung durch zu geringen Luftdruck entgegenzuwirken. Siehe Bild 152. Überprüfung erfolgt
in Yamaha-Werkstatt.

5.3 Ventiltrieb

● Steuerketten-Führungsschienen auf Beschädigung und übermässigen Verschleiss
prüfen.
● Ist der in Bild 153 gezeigte Druckkolben
des Steuerkettenspanners ganz ausgefahren,
Steuerkette auswechseln, da in diesem Fall keine
exakten Ventilsteuerzeiten mehr gewährleistet
sind. Steuerkette und -Rad als Satz erneuern!
● Kipphebel auf Verschleiss an den Nok-
kengleitflächen untersuchen, siehe Bild 154.
● Kipphebelbohrungen und -achsen messen (Sollspiel 0,009–0,042 mm). Kipphebelach-
sen auf Verschleiss oder Beschädigungen untersuchen.
● Spiel der Nockenwellenlager mit Kunst-
stoff-(Plastigauge)-Streifen messen (Verschleissgrenze 0,08 mm). Dazu Streifen ins ölfreie geöff-
nete Lager legen, Welle einsetzen und Lager
schliessen, mit vorgeschriebenem Drehmoment
anziehen. Welle nicht drehen! Nach Wiederöffnen
Lagerspiel an Quetschbreite des Streifens able-
sen (je breiter der Streifen, desto geringer das
Spiel/siehe Bild 155). Bei Überschreiten der Verschleissgrenze Nockenwelle austauschen und
Lagerspiel erneut überprüfen. Falls das Spiel
noch immer die Verschleissgrenze überschreitet,

müssen Zylinderkopf und -Deckel ausgewechselt, oder im Fachbetrieb in teuren Spezialverfahren ausgebuchst oder aufgeschweisst werden.

●  Lauf- und Lagerflächen und Nockenwelle auf Riefen, Beschädigungen oder Anzeichen unzureichender Schmierung untersuchen. Ölbohrungen dürfen nicht verstopft sein.

● Nockenhöhe des Einlassventils muss 36,52–36,62 mm betragen. Nockenhöhe/Auslass beträgt 36,7–36,8 mm. Grundkreis/Einlass beträgt 30,01–30,11 mm. Grundkreis/Auslass beträgt 30,07–30,17 mm (jeweils mit Grundkreis). Siehe Seite 100.

Bild 153
Ist der Druckkolben oder -Stössel wie hier im Bild ganz ausgefahren, Steuerkette und Kettenrad im Satz erneuern

5.4 Zylinderkopf

● Aus den Brennräumen alle Ölkohleablagerungen entfernen. Den Bereich der Zündkerzenlöcher und der Ventilführungen auf Risse kontrollieren.

● Mit Haarlineal Zylinderkopf und Zylinderdichtfläche in mehreren Richtungen auf Verzug prüfen (Verschleissgrenze 0,03 mm), siehe Bild 156.

● Ungespannte Länge der Ventilfedern messen.
Verschleissgrenze innere Feder: 40,1 mm. Äussere Feder: 43,8 mm.

● Gespannte Länge der Ventilfedern messen: Belastet mit einem Gewicht von 18,1 kg soll die innere Feder eine Länge von 22,7 mm aufweisen. Äussere Feder soll 34,2 mm lang sein bei einem Gewicht von 16,9 kg.

● Federneigung, d. h. die Abweichung von der Senkrechten am oberen Ende der Feder, darf maximal 1,7 mm betragen.

● Jedes Ventil auf Verbiegung, Kratzer und anomalen Verschleiss am Schaft untersuchen. Ventilsitz muss glattes und riefenfreies Tragbild zeigen. Falls die Sitzfläche am Ventilteller verbrannt oder ungleichmässigen Kontakt mit dem Ventilsitz hat, Ventil erneuern. Jedes Ventil muss in seiner Führung sauber gleiten.

● Durchbiegung des Ventils darf maximal 0,01 mm betragen.

● Durchmesser der Ventilschäfte messen. Mit Kugellehre, Messdorn oder Innenmikrometer Innendurchmesser der Ventilführungen messen, zuvor sorgfältig alle Ölkohlereste an den Ventilschäften und Tellern entfernen, um Mess-Ergebnis nicht zu verfälschen (Sollspiel/Einlass 0,01–0,037 mm, Sollspiel/Auslass 0,03–0,057 mm). Bild 157 zeigt grobe Werkstattmessmethode zur Spielermittlung.
Ist das Spiel grösser, prüfen, ob Einbau einer

Bild 154
Kipphebel-Laufflächen kontrollieren

Bild 155
Lagerspiel ermitteln

Bild 156
Verzug messen

Bild 157
Ventil darf so gut wie nicht wackeln

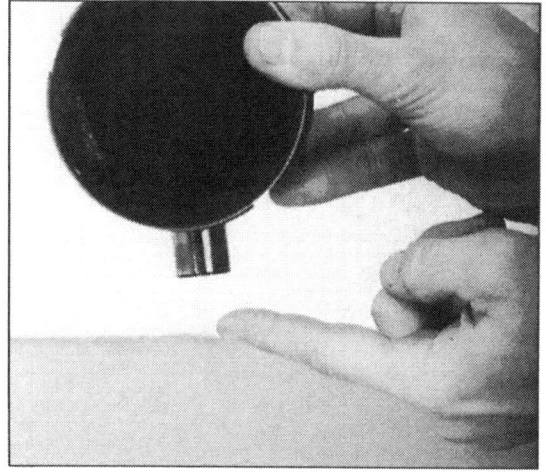

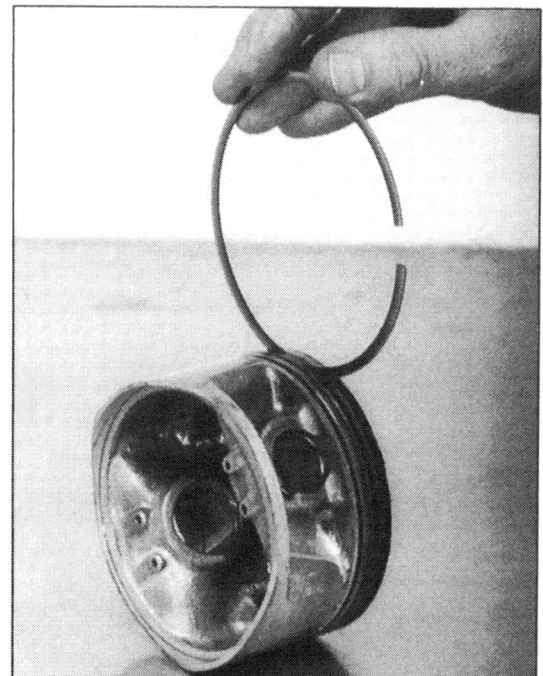

neuen Führung mit Standard-Abmessungen das Spiel wieder in die Toleranz bringen würde. Wechseln der Ventilführungen muss einer dafür ausgerüsteten Fachwerkstatt überlassen werden, da gleichzeitig die Ventilsitze nachgeschliffen werden müssen.

● ⬡ Schliesst ein Ventil nicht einwandfrei dicht ab, Ventilsitz läppen (Prüfung: bei eingebautem Ventil in den Ansaug- oder Auspuffkanal Benzin giessen, am Ventil darf nichts auslaufen).

● Läppmittel auf Ventilsitz auftragen, Ventil von innen mit speziellem Gummisauger oder von aussen mit Schlauchstück und Holzstift quirlen. Läppmittel darf nicht zwischen Ventilschaft und Führung geraten! Genügt Nachläppen nicht zum Abdichten, Ventil erneuern oder Dichtfläche in Fachbetrieb überschleifen lassen.

● ⚠ Ist der Ventilsitzring im Zylinderkopf zu breit oder zu schmal, muss er in einer Fachwerkstatt neu gefräst werden, Sollventilsitzbreite 1 mm.

5.5 Zylinder und Kolben

● ⬚ Zylinderdurchmesser 40 mm unter der Zylinderoberkante parallel und im rechten Winkel messen. Der Mittelwert beider Messungen soll 94,97–95,02 mm betragen. Verschleissgrenze: 95,1 mm. Laufläche darf keine Ausbrüche, Riefen oder Kratzer aufweisen.

● ⬚ Am Kolbenhemd 5 mm über der Unterkante, im rechten Winkel zur Bolzenachse, Aussendurchmesser des Kolbens messen (Sollmass: Standard 94,915–94,965 mm / 1.Übergrösse: 95,5 mm / 2.Übergrösse: 96,0 mm), das errechnete Spiel des Kolbens im Zylinder soll 0,045–0,065 mm betragen. Verschleissgrenze: 0,1 mm. Bild 158 zeigt grobe Werkstattmessmethode zur Ermittlung des Spiels.

● Für den Fall einer Reparatur Ringe und Kolben als Satz erneuern, und Zylinder mit entsprechendem Laufspiel in Fachwerkstatt aufbohren lassen.

● Kolbenbolzen darf leicht eingeölt weder im Pleuel noch im Kolben Spiel aufweisen und muss frei beweglich sein. Siehe Bild 159.

● ⬚ Mit Fühlerlehre Spiel zwischen Kolbenring und Ringnut abtasten, siehe Bild 160. Verschleissgrenze oberster Kolbenring: 0,04–0,08 mm, zweiter Ring: 0,03–0,07 mm. Kolbenring muss frei wie in Bild 161 gezeigt, ohne zu klemmen, durchrollen.

● ⬚ Kolbenringe einzeln in Zylinder schieben und 20 mm unter der Zylinderoberkante rechtwinkelig zur Zylinderbohrung mit dem Kolben ausrichten. Mit Fühlerlehre das Stoss-Spiel ausfühlen, siehe Bild 162. Sollwert erster und zweiter

Kolbenring: 0,30–0,45 mm, Ölabstreifung 0,20–0,70 mm.

5.6 Kurbelwelle und Pleuel

● ⚠ Seitenspiel der Pleuellagerung messen (Messung D in Bild 163 / Sollwert: 0,25–0,75 mm). Kurbelwangenbreite messen (Messung A in Bild 163 / Sollwert: 74,95–75,00 mm).
● Kurbelwelle zwischen Spitzen montieren und mit Messuhr an den Lagerzapfen Schlag messen. Dabei beachten, dass der tatsächliche Schlag nur der Hälfte des angezeigten Wertes entspricht (Messung C in Bild 163 / Verschleissgrenze 0,03 mm).
● Ausweichung des oberen Pleuelauges soll 0,8–1,0 mm betragen (Messung F in Bild 163). Es darf kein Höhenspiel fühlbar sein!
● Die Kugellager der Welle dürfen bei der Fingerprobe (siehe Bild 164) keine Geräusche von sich geben und widerstandsfrei drehbar sein. Bei Abweichung der Spezifikationen entsprechende Teile ersetzen.

5.7 Kupplung

● Ungespannte Länge der Kupplungsfedern messen, Verschleissgrenze 32,6 mm.
● Stärke der Kupplungsreibscheiben feststellen. Scheibe A (2 Stück/Innendurchmesser 116 mm) Verschleissgrenze 2,80 mm, Scheibe B (6 Stück/Innendurchmesser 113 mm) Verschleissgrenze 2,6 mm. Reib- und Stahlscheiben auswechseln, wenn sie Anzeichen von Riefen oder Verfärbung aufweisen. Stahlscheiben auf Richtplatte mit Fühlerlehre auf Verzug prüfen (Verschleissgrenze für alle Stahlscheiben 0,20 mm). Scheiben immer im Satz auswechseln.
● Schlitze im Kupplungskorb dürfen keine von den Scheiben verursachten Riefen, Kerben oder Scharten aufweisen.

5.8 Getriebe und Schaltmechanismus

● Innenlaufringe der Lager mit dem Finger drehen. Lager müssen leicht und geräuschlos laufen, siehe Bild 164. Festsitz des Lageraussenringes in der Kurbelgehäuse-Bohrung prüfen. Defekte Lager von Fachbetrieb bzw. Yamaha-

Bild 162
Ringstoss-Spiel ermitteln

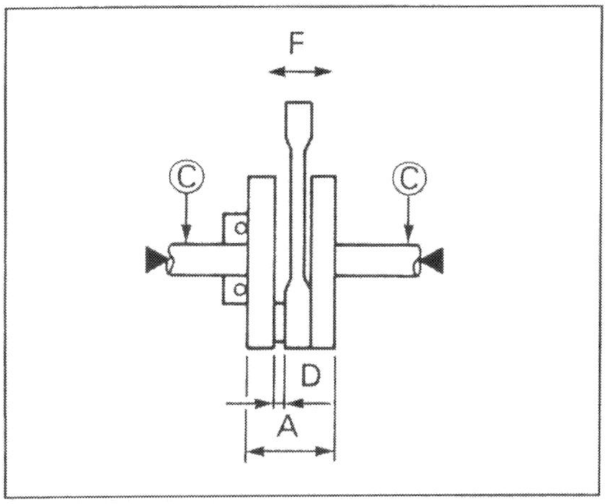

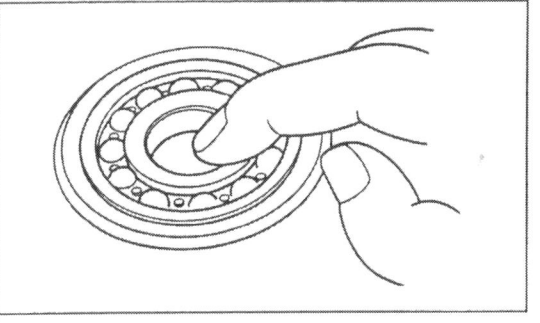

Bild 163
Messpunkte der Kurbelwelle

Bild 164
Lager prüfen

Werkstatt ersetzen lassen.
● Schaltgabeln, Schaltwalze und Zahnräder auf Ausbrüche in der Härteschicht, Anlaufverfärbungen (Überhitzung) oder übermässigen Verschleiss untersuchen.
Zahnräder nur paarweise erneuern!

5.9 Laufräder

● Radachsen über Richtplatte rollen und so Verzug feststellen. Bei Verzug Achse erneuern, niemals zu richten versuchen.
● ⚠ Räder auf Zentrierständer lagern, Seiten- und Höhenschlag mit Messuhr prüfen (Verschleissgrenze jeweils 2,0 mm). Unrund laufende Räder richten lassen. Siehe Bild 165.
Auf dem Zentrierständer auch die Unwucht des Rades feststellen. (Einen solchen Stützbock kann

man leicht improvisieren oder selbst herstellen. Ein stabiler Schraubstock reicht oft schon aus, um die verschraubte Radachse einzuspannen.) Die Wuchtung des Rades nach jedem Reifenwechsel prüfen. Manche Reifenhersteller markieren die leichteste Stelle des Reifens mit einem Punkt. Dieser muss genau in Höhe des Ventils stehen. An der Vorderradfelge sollten nicht mehr als 60 Gramm Wuchtgewichte angebracht werden.

● 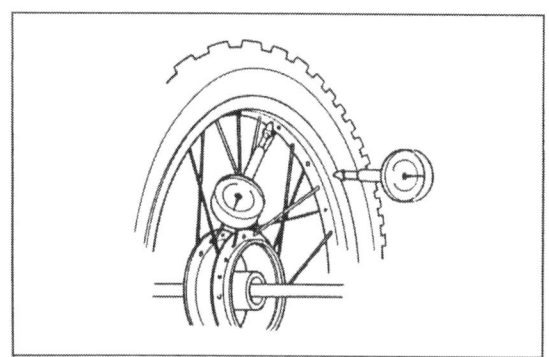 Innenlaufringe der Radlager mit dem Finger auf einwandfreien, geräuschlosen Lauf prü-

Bild 165
Schlag der Räder messen

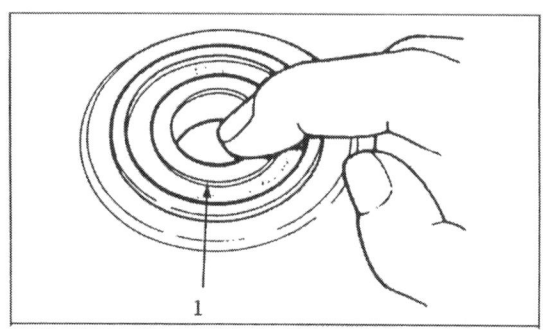

Bild 166
Radlager prüfen

Bild 167
Dicke der Bremsscheibe
messen

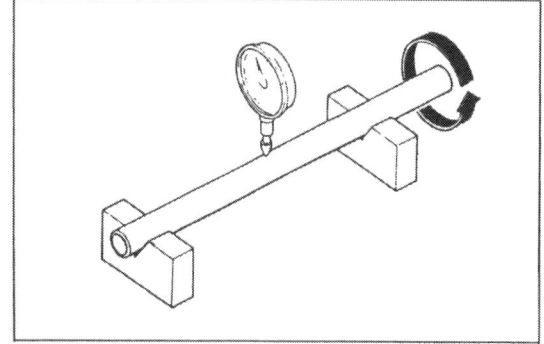

Bild 168
Schlag der Standrohre
messen

fen, siehe Bild 166. Der Aussenlaufring muss fest in der Nabe sitzen.

5.10 Scheibenbremse

● Verschmutze Bremsklötze reduzieren die Bremswirkung, deshalb wegwerfen. Verschleissgrenze der Beläge 0,8 mm.
● Verschmierte Bremsscheiben mit hochwertigem Entfettungsmittel reinigen. Stärke der Bremsscheiben mit Mikrometer messen (Verschleissgrenze vorn und hinten: 3,5 mm), Verzug an der ausgebauten Bremsscheibe auf der Richtplatte mit Messuhr oder Fühlerlehre (Verschleissgrenze 0,15 mm) messen, siehe Bild 167.
● Hauptbremszylinder und -kolben dürfen keine Riefen oder Kratzer aufweisen.
● An den Bremssätteln die Kolben und Zylinder auf Riefen, Kratzer oder sonstige Beschädigungen untersuchen.
● Dichtmanschetten (oder Kolbenringe) der Bremskolben müssen in einwandfreiem Zustand sein. Yamaha empfiehlt nach Demontage grundsätzliche Verwendung von Neuteilen!

5.11 Teleskopgabel und Lenkkopflager

● Gabelstandrohre in Prismenblöcke legen und mit Messuhr auf Schlag prüfen, siehe Bild 168. Dabei beachten, dass der tatsächliche Schlag der Hälfte des gemessenen Wertes entspricht! Ab 0,1 mm Schlag Fachwerkstatt zu Rate ziehen, ob Standrohr wieder gerichtet werden kann.
● Freie Länge der Gabelfeder messen und mit den Technischen Daten der verschiedenen Typen Seite 107 vergleichen.
● Die einzelnen Bauteile auf Kratzer, Riefen oder anormalen Verschleiss untersuchen. Gleitstückbuchsen müssen ausgewechselt werden, wenn Beschichtung über mehr als Dreiviertel der Oberfläche abgenutzt ist.
● Konuslaufringe des Lenkkopflagers auswechseln, wenn sie beschädigt sind oder Druckstellen und Vertiefungen aufweisen.

5.12 Hinterrad

● Verschleissgrenzen Felgenschlag wie Vorderrad Seite 109.

● [icon] Innendurchmesser der Hinterradbrems-
trommel messen, Verschleissgrenze 151 mm,
ebenso die Stärke der Bremsbeläge, Verschleissgrenze 2,0 mm.
● [icon] Falls Kettenrad verschlissen oder beschädigt ist, auch Kette und Ritzel prüfen. Niemals
eine neue Kette auf verschlissene Kettenräder
oder umgekehrt montieren! Verschleiss siehe
Seite 22, Kapitel Wartung.

Bild 169
Hier darf nichts wackeln

5.13 Schwinge und Federbeingestänge

● [icon] Schwinge, Relaisarm und Pleuelarm auf
Verzug oder Risse prüfen. Schwinge muss sich
bei demontierter Umlenkhebelei ohne Unregelmässigkeiten auf und ab bewegen lassen. Montagezustand siehe Bild 142.
● [icon] In diesem Montagezustand wird auch
das seitliche Spiel der Schwinge gemessen: maximal 1 mm gemessen am Ende der Schwinge.
● [icon] Staubdichtungen der Umlenkhebelei auf
Beschädigung überprüfen.
Druckdeckel und Buchse dürfen keine Riefen
oder Kratzer aufweisen. Lager auf Grübchenbil-
dung und übermässiges Spiel untersuchen. Siehe Bild 169.
● [icon] Stossdämpfer auf Ölaustritt untersuchen.

5.14 Freilauf und Anlasser

● [icon] Starterfreilauf muss sich ungehindert im
Gegenuhrzeigersinn drehen lassen, darf sich
aber nicht im Uhrzeigersinn drehen. Ansonsten
auswechseln.
● [icon] Ritzel und Zwischenzahnräder auf Ausbrüche und übermässigen Verschleiss untersuchen.
● [icon] Staubdichtung des Anlasserfrontdeckels
auf Beschädigung überprüfen.
● [icon] Bürstenlänge messen, Verschleissgrenze
5 mm.
● [icon] Es darf kein Stromdurchzug zwischen
Kabelanschluss und Gehäuse bestehen. Stromdurchgang zum schwarzen Bürstenanschlusska-
bel ist normal.
● [icon] Kollektorlamellen dürfen keine Verfärbun-
gen aufweisen; paarweise verfärbt deuten sie auf
geerdete Ankerwicklungen hin.
● [icon] Zwischen Lamellen und Ankerwelle darf
kein Stromdurchgang bestehen.
● [icon] Kollektordurchmesser muss mindestens
27 mm betragen.

5.15 Lichtmaschine und Elektrik

Vollständiger Stromlaufplan Siehe Seite 111.
Vor Prüfung des Elektrik-Systems müssen Stek-
ker auf Wackelkontakte oder korrodierte Kontakt-
stifte untersucht werden.
● [icon] Die Ladespulen der Lichtmaschine sind
in Ordnung, wenn kein Masseanschluss und
Stromdurchgang (Sollwert 0,7–1,1 Ohm) zwischen den weissen Kabeln besteht, die über
einen dreipoligen Stecker mit dem Gleichrichter/
Spannungsregler verbunden sind, siehe Bild 170.
● [icon] Die Zündspule braucht zur Widerstandsmessung nicht ausgebaut zu werden. Widerstand der Primärwicklung zwischen den Steck-
kontakten der Zündspule messen.
● [icon] Widerstand der Sekundärwicklung ohne
Kerzenstecker : 3,8–5,8 kOhm, siehe Bild 171.

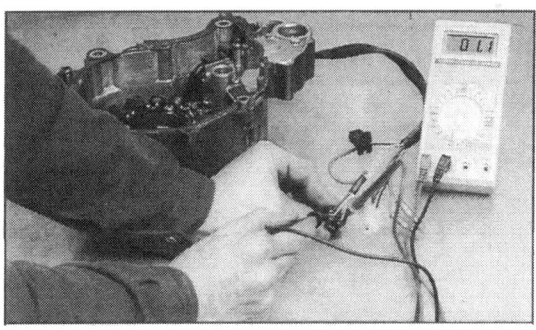

Bild 170
Ladespulen-Widerstands-
messung

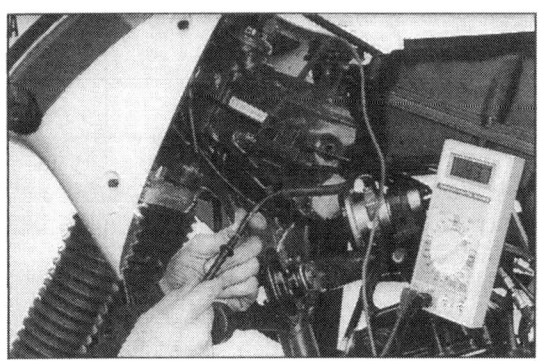

Bild 171
Zündspule durchmessen

● [icon] Widerstand Zündkerzenstecker: Sollwert
8–12 kOhm.
● [icon] Zur Widerstandsmessung der Impulsge-
berspulen, vierpoligen Ministecker abziehen. Der

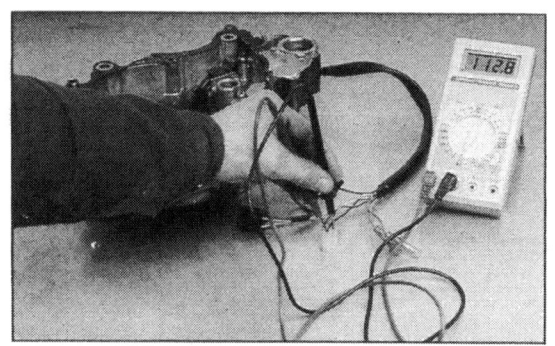

Bild 173
Die hier weiss markierten
Punkte müssen fluchten

Ungespannte Länge der Sperrklinkenfeder	
Sollwert	Verschleissgrenze
17,2 mm	15,0 mm

Bild 174
Die Pfeile kennzeichnen die
Stellen mögliche Verschleis-
ses, der zum Durchrutschen
des Kickstarters führen kann

Widerstand zwischen dem schwarz/gelben und blau/gelben bzw. grün/weissen Kabel muss bei 92–138 Ohm liegen, siehe Bild 172.
Übrige Messdaten Elektrische Anlage siehe Seite 109.
Hat sich nach obenstehenden Prüfungen und Messungen immer noch kein Zündfunke einge-stellt, oder wenn der Zündzeitpunkt (siehe 5.16)

nicht von Spät- auf Frühzündung wandern will, steht eine Erneuerung der CDI-Einheit an. Wer sicher gehen will, dass auch wirklich nur Schrott weggeschmissen wird, kann die CDI-Einheit in einer Yamaha-Werkstatt, die über ein CDI-Mess-gerät verfügt, durchmessen lassen.
● ⊡ Zur Messung der Regelspannung muss die Batterie in gutem Zustand und der Motor auf Betriebstemperatur sein. Voltmeter an Batterie anschliessen und Drehzahl allmählich erhöhen. Spannung bei 6000/min muss sich auf 14,3–15,3 Volt einregeln.

5.16 Zündzeitpunkt

Zündzeitpunkt ist nicht veränderbar, da Erzeu-gung und Steuerung des Zündfunkens dank CDI-Zündsystem keinem mechanischem Verschleiss unterliegen. Das hier beschriebene Verfahren der Überprüfung des Zündzeitpunkts dient dazu, ei-ne einwandfreie Funktion der CDI-Bauteile fest-zustellen.
● Motor warmlaufen lassen.
● Einstellmarken-Schaulochdeckel am linken Kurbelgehäusedeckel entfernen.
● Stroboskop anschliessen.
Zündzeitpunkt ist korrekt, wenn die Strichmarkie-rug bei 1200/min der Einstellmarke auf dem rech-ten Kurbengehäusedeckel gegenübersteht. Die Motordrehzahl auf 6000/min erhöhen. Einstell-marke muss zwischen den beiden Strichen der Frühzündmarkierung auf dem Rotor liegen.

5.17 Ausgleichswellen-Antrieb

Um die Vibrationen des kernigen Einzylinders zu zügeln, verpassten die Yamaha-Techniker ihm eine Ausgleichswelle. Damit der Massenaus-gleich stimmt, müssen die in Bild 173 weiss markierten Körnerpunkte auf dem Antriebszahn-rad sich genau gegenüberliegen. Ansonsten aus-tauschen.

5.18 Kickstarter

● ⊡ Gesperre des Kickstarters auf Beschädi-gung und Verschleiss prüfen. Siehe Bild 174.

6 Zusammenbau

Nun liegt der Single also mit seinen Einzelteilen in Kisten, Kästen und Schubladen in der Werkstatt und wartet auf die Wiedererstehung.

Liegt das passende Werkzeug bereit? Sind die benötigten Ersatzteile vollzählig besorgt? Sind alle Teile korrekt vermessen und auf Verschleiss geprüft worden?

Solange das Motorrad noch zerlegt ist, sollte man sich nochmal ins Gewissen reden, denn jetzt lassen sich die Teile am einfachsten auswechseln. Also alles noch kritischer als sonst begutachten!

Wenn zum Beispiel ein Getriebezahnrad leichte Pitting-Bildung an den Zahnflanken aufweist, würde es bestimmt nochmal 10 000 Kilometer schadlos seine Arbeit verrichten. Aber dann zerbröselt es garantiert während der Urlaubsfahrt in Sizilien. Ein neues Zahnrad kostet nicht die Welt, teuer wird erst der Einbau.

Wenn wirklich alles bereit liegt, kann die Schrauberei beginnen, damit Stunden später ein neuwertiges Motorrad aus der Werkstatt rollt.

6.1 Heckpartie

6.1.1 Schwinge

Um das seitliche Spiel der Schwinge festzustellen, ist etwas Rechnerei und Messen notwendig. Mit Hilfe unterschiedlich starker Distanzscheiben und Druckdeckel auf ein Spielmass von 0,1–0,3 mm einstellen. Falls nur eine Scheibe verwendet wird, diese links montieren. Siehe Bild 175.

● Nadellager in Schwinge, Relais-Arm und Pleulstange mit passendem Dorn eintreiben. Für den Nadelkäfig der Schwingenlagerung ist ein Abstand von 4 mm zur Aussenseite vorgeschrieben.

● Buchsen gefettet einsetzen, siehe Bild 176. Einbaulage/Relais-Arm siehe Bild 177. Relais-Arm und Pleulstange vormontieren und Staubdichtungen, ebenfalls gefettet, einsetzen. Siehe Bild 178.

● Sämtliche Schraubverbindungen mit den je nach Typ unterschiedlichen Anzugsmomenten

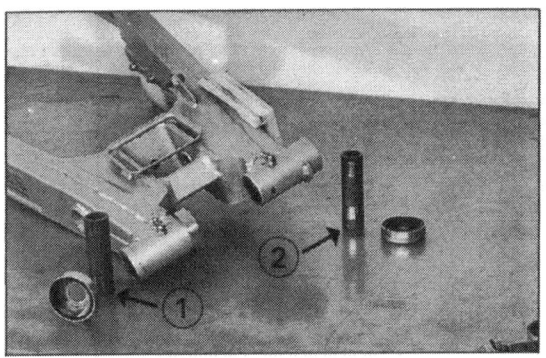

Bild 175
Spiel abzüglich
Motorgehäuse-Aufnahme
berechnen
Sollmass 1: 75,2–75,3 mm
Sollmass 2: 68,2–68,3 mm

Bild 176
Wer gut schmiert, der gut fährt

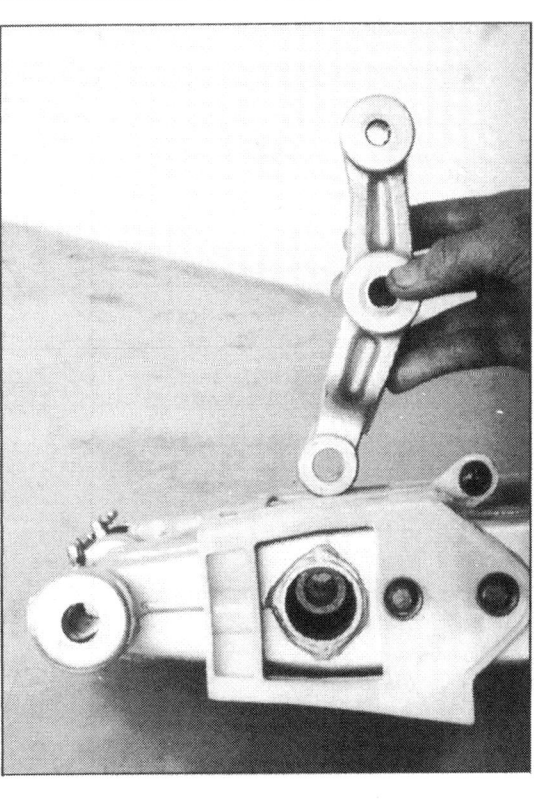

Bild 177
Einbaulage des Relais-Arms

(siehe Seite 96, Technische Daten) anziehen und mit eingefädelter Kette einstzen, siehe Bild 179.

● Schwingen/Motorlagerzapfen von links einführen und Mutter anziehen, siehe Bild 180.

● Pleuelstange an Rahmen befestigen, siehe Bild 181.

● Federbein einführen und am Rahmen anschrauben.

Am Relaisarm mit Bolzen und neuem Splint befestigen. Siehe Bild 182.

● Einstelldaten der Federvorspannung (siehe

Bild 178
Einzelteile
Relais-Arm/Pleuel-Arm

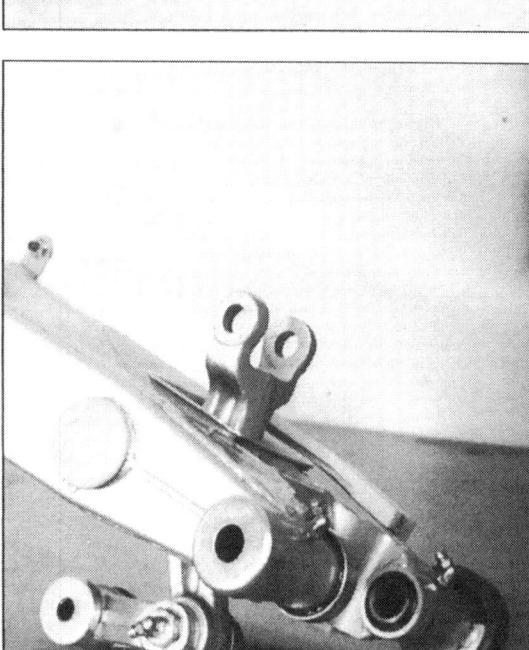

Bild 179
Schwinge vormontiert

Bild 180 ▶
Anzugsmoment je nach
Ausführung Alu-Schwinge/
Stahl-Schwinge 100/85 Nm

Bild 181 ▶
Pleuel-Arm am Rahmen
befestigen

Bild 183) und der Zugstufendämpfung (siehe Bild 184) den Technischen Daten Seite 96 entnehmen.

6.1.2 Rad

● Lager in Nabe des Hinterrads eintreiben, siehe Bild 185.

● TIP Erwärmen der Nabe auf ca. 100° C erleichtert das Eintreiben der Lager.

● Lagerhohlräume des rechten Lagers mit Fett

Bild 182
Unbedingt neuen Splint
verwenden

Bild 183
Federvorspannung einstellen

Bild 184 ▶
Dämpferhärte (Zugstufe)
einstellen

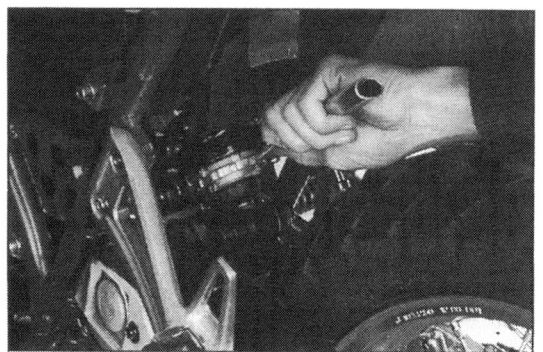

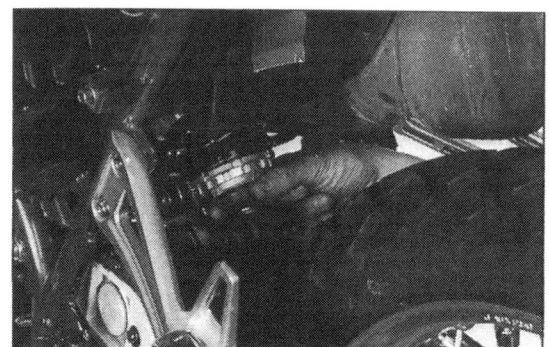

füllen und mit passendem Dorn oder Nuss so eintreiben, dass die abgedichtete Seite aussen liegt. Beim Eintreiben sorgfältig darauf achten, dass das Lager nicht verkantet und vollkommen aufsitzt.

● Distanzhülse in Radnabe einsetzen und linkes Lager genauso eintreiben (abgedichtete Seite nach aussen). Staubdichtung wie Lager eintreiben. Bremsscheibe montieren. Schrauben mit flüssiger Schraubensicherung versehen.

● Lagerhohlräume des Abtriebsflanschlagers mit Fett füllen und von der Kettenblattseite mit Dorn oder passender Nuss eintreiben. Abgedichtete Seite muss nach aussen weisen. Es folgt Staubdichtung.

● Kettenblatt anbringen (4 Muttern SW 14 / siehe Bild 186).

● Dämpfergummis einsetzen und Abtriebsflansch einsetzen, siehe Bild 187.

6.1.3 Trommelbremse

● Bremsnocken gefettet in Bremsankerplatte einsetzen.

● ⚠ Überschüssiges Fett von Bremsnocken und Ankerbolzen abwischen (Fett auf Bremsbelägen vermindert Bremswirkung gegen Null).

● Verschleissanzeiger so auf den Bremsnocken schieben, dass seine Zunge auf den Ausschnitt des Bremsnockens ausgerichtet ist.

● Bremsnockenhebel so montieren, dass der Spalt der Verzahnung mit dem Verschleissanzeiger fluchtet. Schraube und Mutter fest anziehen. Siehe Bild 188.

● Bremsbacken mit den Federn vormontiert

◀ Bild 185
Lager eintreiben

Bild 186
Sicherungslaschen anlegen

Bild 187
Antriebsflansch aufsetzen

Bild 188
Einzelteile Bremsankerplatte

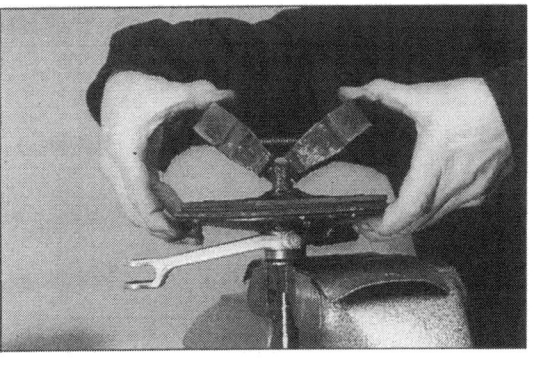

Bild 189
Bremsbacken montieren

Bild 190
Distanzstück links und...

Bild 191 ▶
...rechts einsetzen

Bild 192
Rad mit Achse vormontieren

Bild 193
Bremsankerplatte muss in
Vorsprung einspuren

Bild 194 ▶
Bremssattel vormontieren

schräg einsetzen und herunterklappen, siehe Bild 189.

● Bremsankerplatte in Trommel einsetzen. Distanzstück links und rechts anbringen und darauf achten, dass Bremsankerplatte in Zapfen an der Schwinge einspurt, siehe Bilder 190, 191 und 192.
● Hinterrad einsetzen, siehe Bilder 193 und 194.
● Einstellung der Antriebskettenspannung siehe Kapitel Wartung, Seite 22. Zur Achsmuttersicherung neuen Splint verwenden, siehe Bild 195.

6.2 Frontpartie

6.2.1 Lenkkopflager

● Unteren Kegellaufring samt Staubdichtung auf Lenkerschaftrohr mit passendem Rohrstück (ca. 200 mm lang, Innendurchmesser 30 mm) auftreiben.

● TIP Erwärmen des Laufrings auf ca. 100°C erleichtert das Aufschieben.

● In oberen Lenkkopflagersitz Lagerschale mit passendem Rundmaterial (Durchmesser 46,5 mm) eintreiben. Darauf achten, dass Lagerschale nicht verkantet und so den Lagersitz aufweitet.

● Untere Lagerschale mit Dorn (Durchmesser 55,5 mm) eintreiben.

● Untere Gabelbrücke/Lenkschaftrohr von unten in Lenkkopf einführen.

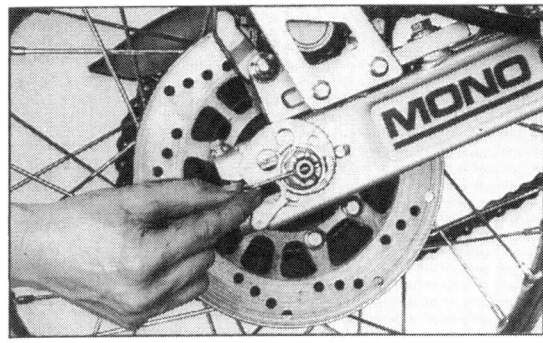

Bild 195
Neuen Splint verwenden

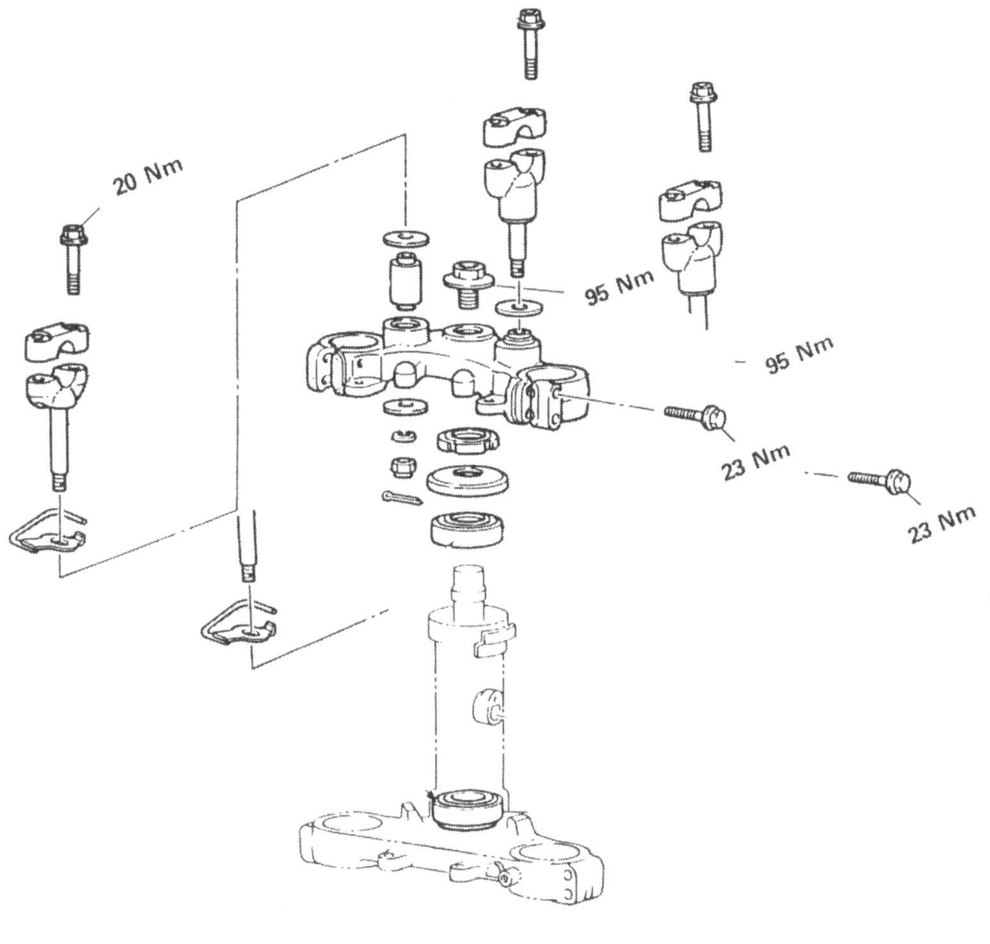

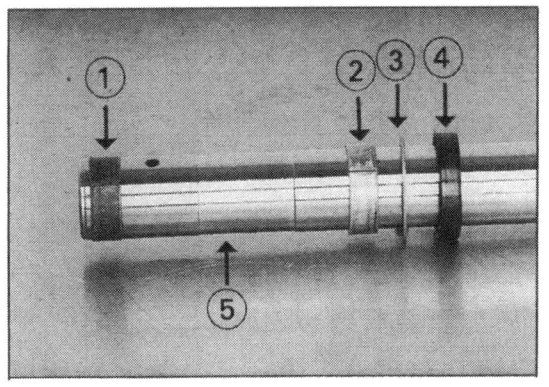

Bild 196
Einzelteile Lenkkopf

● Oberen Nadellaufring gefettet einlegen. Es folgt Lagerdeckel.

● Nutmutter mit 38 Nm anziehen, damit sich die Lagerschalen setzen.
Anschliessend wieder lösen und mit 6 Nm Drehmoment wieder anziehen, d.h. das Lager ist spielfrei und leichtgängig.

● Obere Gabelbrücke samt Lenkschaftmutter montieren und Gabelstandrohre provisorisch einsetzen. Lenkschaftmutter SW 22 mit 95 Nm Drehmoment anziehen. Anschliessend mit geschliffener Platte Parallelität der Standrohre prü-

Bild 197
Standrohr
1 Standrohrbuchse
2 Tauchrohrbuchse
3 Stützring
4 Dichtring
5 «Verdünnung» (Montagehilfe für Gleitrohrbuchse)

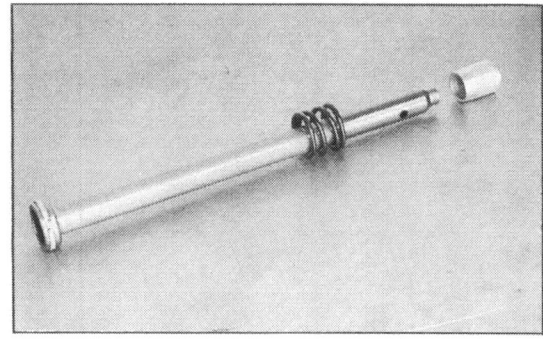

Bild 198
Dämpferstange, Feder und Öldichtstück

Bild 199 ►
Standrohr mit vormontierter Dämpferstange in Tauchrohr einführen

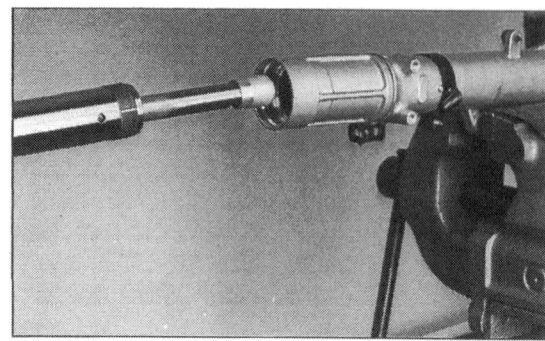

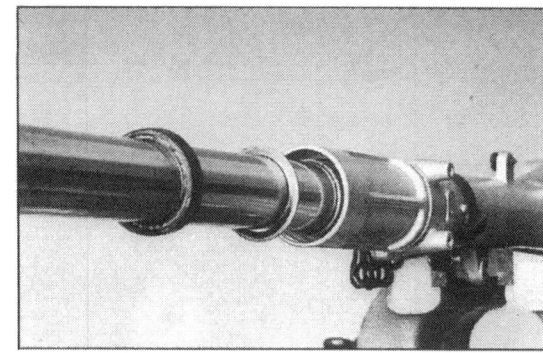

Bild 200
Neue Dichtung und flüssige Schraubensicherung verwenden

Bild 201
Tauchrohrbuchse, Stützring und Dichtung montieren

Bild 202
O-Ring geölt einsetzen

fen (Platte darf, auf beide Standrohre aufgelegt, nicht kippeln).

6.2.2 Teleskopgabel

● Stand- und Gleitrohrbuchse von Hand auf Standrohr anbringen, siehe Bild 197. Nylon-Kolbenring (siehe Bild 198) von Hand auf Dämpferkolben anbringen und diesen samt Druckfeder von oben durch Standrohr durchstecken, Öldichtstück auf Ende des Dämpferkolbens aufsetzen und Standrohr in Tauchrohr einschieben. Siehe Bild 199.

● Untere Gabelverschlussschraube mit flüssiger Schraubensicherung versehen und Kupferdichtring eindrehen, siehe Bild 200. Falls sich Dämpferkolbenstange mitdreht, Gabelfeder mit Distanzstück und Gabelverschluss-Schraube provisorisch montieren.

● Um die Tauchrohrbuchse einzutreiben, muss der abgedrehte Bereich des Standrohrs (siehe Bild 197) im Bereich des Lagersitzes sein. Es folgen Stützring und Wellendichtring. Diesen mit Gabelöl anfeuchten und mit der Beschriftung nach oben entweder mit passendem Rohrmaterial oder schrittweise über Kreuz mit langem Dorn eintreiben. Anschlagring in die Nut des Gleitrohrs einsetzen und darauf achten, dass dieser einwandfrei in seiner Nut sitzt. Staubdichtung einsetzen. Siehe Bild 201.

● Standrohr bis zum Anschlag in Tauchrohr einschieben und Gabelöl (Menge siehe Technische Daten Seite 105) einfüllen. Gabelrohre mehrmals ineinander schieben und Ölstand von der Oberkante des Standrohrs aus messen.

● 🔫 Unbedingt darauf achten, dass der Ölstand in beiden Gabelbeinen gleich ist.

● Gabelfeder in Standrohr einführen. Es folgen Federsitz und je nach Typ Distanzstück oder Vorspannfeder. Obere Gabelverschlussschraube (SW 17) mit geöltem O-Ring montieren. Siehe Bild 202. Darauf achten, dass die gekröpften Druckluftventile der älteren Ausführungen im Winkel von 45° zur Fahrzeuglängsachse nach vorn weisen.

● Faltenbalg so anbringen, dass Entlüftungslöcher nach hinten weisen. Schlauchbinder provisorisch anbringen und Standrohr unter gleichzeitigem Drehen durch Gabelbrücken schieben. Unterkante des Standrohrverschlusses muss bündig mit der Oberkante der oberen Gabelbrücke sein. Obere und untere Gabelklemmschrauben anziehen (Drehmoment Klemmschrauben 23 Nm).

● Faltenbälge nach oben schieben, bis sie die untere Gabelbrücke berühren, dann Schlauchbinder festziehen.

● Stabilisator und vorderes Schutzblech montieren.

● Lenker montieren. Obere Halter so anbringen, dass Körnermarkierungen vorn liegen. Zuerst die vorderen, dann die hinteren Schrauben anziehen.

6.2.3 Rad

Einbau der Lager und Staubdichtungen erfolgt wie am Hinterrad, siehe Seite 56.

● Bremsscheibe installieren. Schrauben mit flüssiger Schraubensicherung versehen.

● Tachometergetriebe-Mitnehmer und -Schnekke einfetten und so einsetzen, dass seine Zungen auf Schlitze der Nabe ausgerichtet sind.

● Bremsscheibe mit hochwertigem Entfettungsmittel (Bremsscheibenreiniger) reinigen.

● Rad mit Distanzhülse rechts zwischen Gabelbeine einsetzen. Nut der Tachometerschnecke muss in Nase am Tauchrohr einspuren. Siehe Bild 203. Achshalter rechts mit «UP»-Markierung nach oben anbringen, dessen Muttern provisorisch installieren und Achse einschieben.

● Achsmutter SW 22 festziehen (Drehmoment 100 Nm) und Tachometerwelle anschliessen. Bei angezogener Bremse die Teleskopgabel mehrmals zusammendrücken, um Achse aufzusetzen.

● Zuerst die oberen, dann die unteren Achshaltemuttern in zwei oder drei Schritten anziehen (Drehmoment 8 Nm).

6.2.4 Scheibenbremse

Vor Zusammenbau sind alle Teile der hydraulischen Bremsanlage mit sauberer Bremsflüssigkeit zu reinigen und anzufeuchten.

● Feder und Kolben in Bremszylinder einbauen, wobei darauf zu achten ist, dass die Dichtlippen nicht umgestülpt werden. Feder so einsetzen, dass ihr breites Ende innen liegt. Siehe Bild 204.

● Seegering mit entsprechender Zange installieren. Staubkappe aufziehen und Bremslichtschalter anbringen. Hauptzylinder am Lenker anbringen.

● Bremsschlauchverbindungen mit neuer Dichtungsscheibe installieren und anziehen, fallls sie

Bild 203
Tachoantriebsgehäuse muss in Tauchrohrnase einspuren

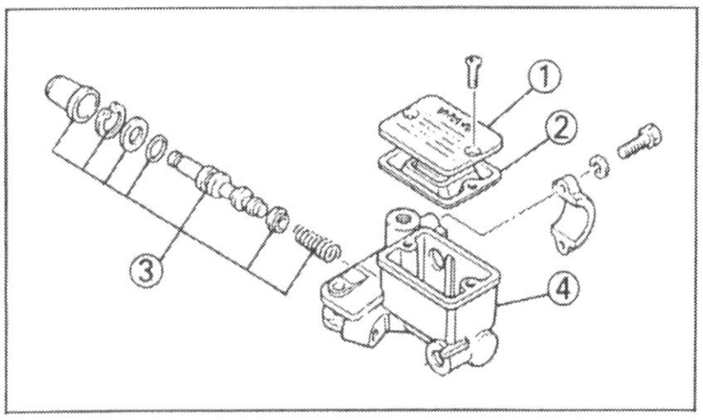

Bild 204
Geberzylinder
1 Deckel
2 Membran
3 Hauptbremszylindersatz

entfernt wurde (Drehmoment 27 Nm).

● ⚠ Kolbendichtringe und Staubdichtringe des Bremssattels müssen grundsätzlich durch neue ersetzt werden, wenn sie ausgebaut worden sind.

● Dichtringe vor Einsetzen mit Bremsflüssigkeit schmieren. Kolben so einbauen, dass die offene Seite auf Bremsbeläge gerichtet ist.

● Bremssattel auf Bremssattelhalter anbringen, dabei Silikonfett auf Bremssattelzapfenschrauben auftragen.

● Belagfeder und Anschlagbleche installieren.

● Beläge der bei den TENEREs ab Bj. '86 ver-

Bild 205
Belagbleche einsetzen

Bild 206
Pfeilrichtung beachten!

Bild 207
Schlauch mit neuen
Dichtungen montieren

Bild 208 ▶
Belagfeder einsetzen

Bild 209 ▶
Bremssattel anbringen

Bild 210
Getriebe-Hauptwelle

Bild 211 ▶
Getriebe-Nebenwelle

wendeten Bremssätteln wie in den Bildern 205,
206, 207 und 137 gezeigt einsetzen (Pfeilmarkie-
rung weist nach oben).
Ürige Typen:
● Beläge gegen die Belagfeder eindrücken und
Stützschraube SW 6 (Innensechskant) mit flüssiger Schraubensicherung versehen eindrehen.
Bremssattel an Tauchrohr montieren. Siehe Bilder 208 und 209.
● Bremsschlauch mit Halteschraube und zwei
neuen Dichtungsscheiben am Bremssattel anschliessen, Drehmoment 27 Nm.
● Hydrauliksystem befüllen und entlüften, wie
auf Seite 23 beschrieben.

6.3 Getriebe

Der Zusammenbau der Getriebe-Hauptwelle erfordert eine starke Presse und ist somit Sache
der Yamaha-Werkstatt, siehe Bild 210. Getriebe-

Bild 212
Wellen einsetzen

Nebenwelle lässt sich leicht mit Hilfe von Seege-
ringzange und kleinem Schraubenzieher vormontieren, siehe Bild 211.

Darauf achten, dass Sprengringe einwandfrei in
ihren Nuten sitzen. Reichlich MoS$_2$-Fett oder ent-
sprechendes Produkt beigeben. Zahnräder auf
Leichtgängigkeit und Bewegungsfreiheit auf der
Welle prüfen.

● Wellen komplett vormontiert einsetzen, siehe
Bild 212.

● Anordnung der Schaltgabeln siehe Bild 213.
Schaltgabeln wie in Bild 214 gezeigt einsetzen.
Schaltwalze einsetzen, Gabeln in Nuten einspu-
ren und Wellen der Gabeln einsetzen, siehe 215.

● Zweiteilige Getriebe-Schaltwelle wie in Bild
216 gezeigt einsetzen.

6.4 Kurbelwelle/-Gehäuse

● Linke Kurbelgehäusehälfte gleichmässig auf
100° C erwärmen und Kurbelwelle samt Lager in
Gehäuse einführen. Darauf achten, dass das Lager satt aufsitzt. Yamaha empfiehlt die Verwendung eines speziellen Kurbelwelleneinzieher, der
jedoch bei Erwärmung des Gehäuses überflüssig
ist.

● Ausgleichswelle einsetzen, siehe Bild 117.

● Zwei Passhülsen und O-Ring einsetzen, siehe
Bild 217.

● Auf die peinlich sauberen Dichtflächen möglichst dünnen Dichtmassefilm (Hylomar o. ä.) auf-

Bild 213
Schaltwalze, -Gabeln
und -Schienen
(L-links/C-Mitte/R-rechts)

Bild 214
Schaltgabeln einsetzen

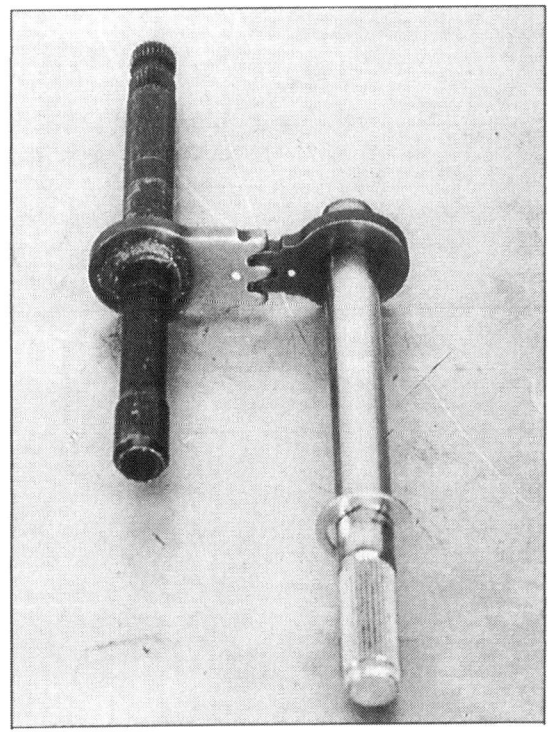

Bild 215
Schaltwalze und -Schienen

◀ **Bild 216**
Einbaulage Schaltgestänge

Bild 217
Neuen O-Ring verwenden

Bild 218
Dichtflächen müssen peinlich sauber sein

Bild 219
Dichtfilm möglichst dünn auftragen

Bild 220
Getriebe von Hand durchschalten

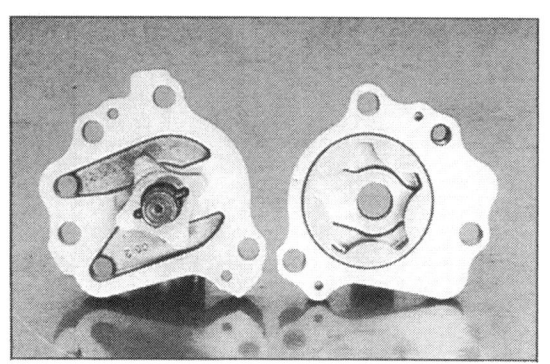

Bild 221
Primärpumpe

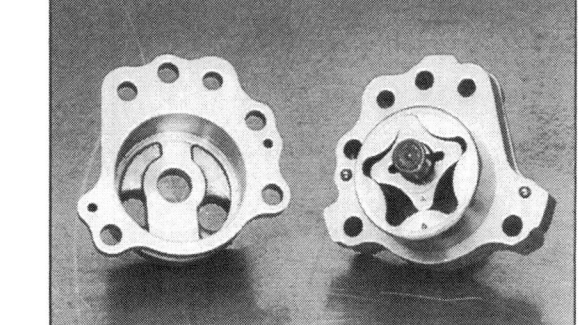

Bild 222
Sekundärpumpe: Markierung muss nach Innen weisen

Bild 223 ▶
O-Ringe einsetzen

tragen, siehe Bilder 218 und 219. Nach Ablüften des Lösungsmittels in der Dichtmasse (ca. 5–10 Min.) rechte Gehäusehälfte (eventuell unter gefühlvollen Gummihammerschlägen) auf linke Hälfte, die auf einer Holzunterlage sitzt, absenken.

● TIP Darauf achten, dass die Schaltwalze die in Bild 115 gezeigte Stellung hat und so durch die Gehäuseaussparung passt.

● Rechts und links abwechselnd in der auf Seite 81 gezeigten Reihenfolge schrittweise über Kreuz anziehen. Dichtmasse sollte, wenn überhaupt, nur ganz dünn austreten.

● Getriebe muss sich unter Drehen der Getriebe-Nebenwelle (Ritzel provisorisch aufstecken) in alle Gänge durchschalten lassen. Siehe Bild 220.

6.5 Ölpumpe

● Primärrotoren mit Welle und Mitnehmerstift einsetzen und Pass-Stifte in Gehäuse einsetzen, siehe Bild 221.

● Sekundärrotoren mit Markierung nach innen weisend auf der Welle samt Mitnehmerstift anbringen, siehe Bild 222.

● Kreuzschlitzschraube von hinten montieren und O-Ringe ins Motorgehäuse einsetzen, siehe Bild 223. Ölpumpe mit drei Schrauben SW 5 (Innensechskant) anbringen. Es folgen Antriebszahnrad und Seegering.

6.6 Zylinder/Kolben

Fussdichtung, zwei grosse Passhülsen und eine kleine Passhülse mit O-Ring auflegen, siehe Bild 224.

● Kolbenringe mit Markierung nach oben weisend auf den Kolben montieren, dabei Ringe nicht weiter als unbedingt nötig, aufweiten, da sie leicht brechen. Kolbenringstösse gleichmässig auf den Kolbenumfang verteilen.

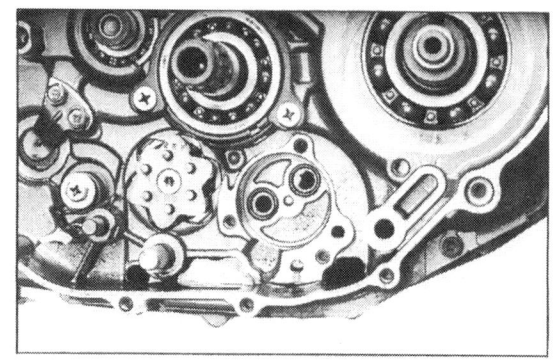

◀ **Bild 224**
O-Ring nicht vergessen!

Bild 225
Neuen O-Ring verwenden

● Mit Lappen Öffnung des Kurbelgehäuses abdecken, damit Sicherungsringe nicht hineinfallen, Pleuelaugen des Kolbens mit MoS$_2$-Fett schmieren und Kolbenbolzen einschieben.

● ⚠ Kolben mit Pfeil in Fahrtrichtung weisend montieren.

● Kolbenbolzen-Sicherungsring (unbedingt Neuteile verwenden!) einsetzen.

● Neuen O-Ring auf Zylinderhals aufziehen, siehe Bild 225.

● Kolben mit passenden Holzleisten «untermauern» und Kolben und Zylinder gut geölt aufeinanderschieben, wobei die Kolbenringe mit den Fingern zusammengedrückt werden, siehe Bild 226.

● Hülsenmuttern und Mutter mit dicken Unterlagscheiben schrittweise über Kreuz anziehen (Anzugsmoment 42 Nm). Zwei Schrauben SW 5 (Innensechskant) links vorn und hinten montieren.

6.7 Zylinderkopf

● Ventilschäfte mit Öl benetzen und in die Führungen schieben. Neue Ventilschaftdichtringe ölbenetzt montieren.

● Ventilfedern mit engen Windungen nach unten weisend (zum Zylinderkopf hin) einsetzen. Ventilfederteller aufsetzen und mit Ventilfederspanner (oder umfunktionierter Standbohrmaschine mit passendem «Mundstück») Federn zusammendrücken und Ventilkeile einsetzen.

● ⚠ Ventilfedern nicht mehr als unbedingt nötig zusammendrücken.

● Mit Gummihammer leicht auf Ventilschäfte klopfen, damit sich Ventilkeile setzen.

● Steuerkettenführungen, zwei grosse Passhülsen und eine kleine Passhülse mit O-Ring (wie Zylinderfuss) samt neuer Zylinderkopfdichtung montieren. Steuerkette montieren und sichern. Siehe Bild 227.

● Zylinderkopf aufsetzen und Schrauben und Muttern in der auf Seite 85 angegeben Reihenfolge schrittweise über Kreuz anziehen.

● Steuerkette nach oben durchziehen und Nok-

Bild 226
Zylinder aufsetzen

Bild 227
Steuerkette durchziehen

Bild 228
Nockenwelle mit Bohrung
nach oben weisend einsetzen

Bild 229 ▶
Nutenstein und Körnerpunkt
müssen mit Gehäusepfeil
fluchten

kenwelle einlegen. Siehe Bild 228. Steuerkette
nach oben durchziehen und Nockenwelle einlegen. Siehe Bild 228.

● Steuerkette unter Zug halten und Körnermarkierung des Zahnkettenrads auf der Kurbelwelle
zum Fluchten mit Pfeil auf Gehäuse bringen.
Siehe Bild 229.

● Steuerkette auf Kettenrad auffädeln und mit
zwei Schrauben SW 10 an der Nockenwelle befestigen (flüssige Schraubensicherung verwenden).

Bohrung der Nockenwelle muss nach oben weisen (Stellung Arbeits- oder Verbrennungs-OT),
Strichmarkierung auf Kettenrad muss mit Dichtfläche fluchten, siehe Bild 230.

● Kipphebel und -Wellen wie in Bild 231 gezeigt
einsetzen. Schlitze der Kipphebelwellen wie in
Bild 232 gezeigt senkrecht ausrichten.

● Sämtliche Lagerstellen mit MoS$_2$-Fett versehen zwei Passhülsen einsetzen, siehe Bild 233,
und Dichtfläche mit dünnem Dichtmassefilm versehen.

● Vergaseransaugstutzen mit möglichst wenig

Bild 230
Kettenradmarkierung muss
mit Dichtfläche fluchten

Bild 231
Einbaulage
Kipphebel/Federscheiben

Bild 232 ▶
Achsschlitze müssen
senkrecht stehen

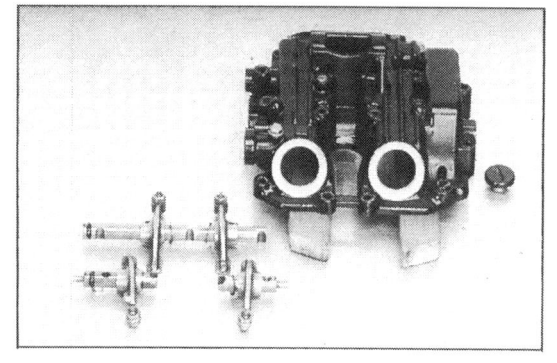

◀ **Bild 233**
Dichtmasse auftragen
und 2 Passhülsen einsetzen

Bild 234
Drehzahlmesser-Antrieb
montieren

◀ **Bild 235**
Ansaugstutzen ausrichten

Bild 236
Steuerkettenspanner
montieren

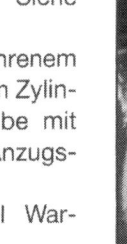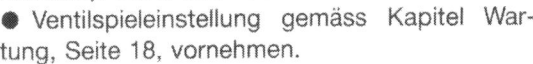

Überstand zum Zylinderkopf anbringen. Siehe Bild 235.

● Steuerkettenspanner bei ganz eingefahrenem Druckstössel mit zwei Schrauben SW 5 am Zylinder befestigen. Feder und Druckschraube mit neuer Kupferdichtung eindrehen (20 Nm Anzugsmoment). Siehe Bild 236.

● Ventilspieleinstellung gemäss Kapitel Wartung, Seite 18, vornehmen.

Bild 237
Schaltwalzen-Arretierung
montieren

6.8 Kupplung und Primärtrieb/ Schaltmechanismus

● Federbelastete Schaltwalzenarretierung montieren und Scheibe auf Schaltwelle anbringen, siehe Bild 237. Beim Aufschieben des Schaltsegments auf die Schaltwelle Körnermarkierung auf Schaltwelle und Segment beachten, siehe Bild 238.

● Schaltsegment aufschieben, dabei Enden der

Bild 238
Körnerpunkte müssen
fluchten

Bild 239
Zahnrad/Ausgleichswelle montieren

Bild 240 ▶
Körnerpunkte müssen fluchten

Bild 241
Nutenstein einschieben

Bild 242 ▶
Mutter SW 30 anziehen

Bild 243
Zahnscheibe aufsetzen

Bild 244 ▶
Kupplungszentralmutter anziehen

Bild 245
Zuerst Belagscheibe A…

Bild 246 ▶
… dann Stahlscheibe und Ring…

Bild 247
… und als als zweite Belagscheibe Scheibe B einsetzen

Bild 248 ▶
Als letzte Scheibe wieder Belagscheibe B einsetzen

68

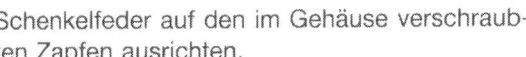

◀ Bild 249
Pfeil muss mit Punkt fluchten

Bild 250
Primärtrieb SW 36 anziehen

Schenkelfeder auf den im Gehäuse verschraubten Zapfen ausrichten.

● Ausgleichswellenzahnrad mit beiden Scheiben auf Kurbelwellenstumpf aufschieben. Nutenstein einsetzen, siehe Bild 239.

● Primärzahnrad, Sicherungsblech und Mutter SW 36 montieren. Zahnrad auf Ausgleichswelle aufsetzen, siehe Bild 240. Darauf achten, dass die Körnermarkierungen der Zahnräder sich gegenüberliegen.

● Kurbelwelle drehen, bis Nutenstein eingespurt werden kann, siehe Bild 241.

● Tellerscheibe und Sicherungsblech aufsetzen. Zahnräder mit Putzlappenblockierung festlegen und Mutter auf Ausgleichswelle mit 60 Nm anziehen. Mutter mit Blechlasche sichern. Bild 242.

● Kickstarter, so vorhanden, montieren. Siehe Seite 70.

● Kupplungskorb auf die gefettete Hauptwelle schieben. Es folgt Zahnscheibe, siehe Bild 243.

● Kupplungsinnenkorb aufsetzen. Es folgen Sicherungsblech und Mutter. Innenkorb blockieren und Mutter mit 90 Nm anziehen. Siehe Bild 244. Belag- und Stahlscheiben in der in den Bildern 245–248 gezeigten Reihenfolge abwechselnd einsetzen.

● Kupplungsdruckstange und Kugel gefettet einsetzen. Es folgt Kupplungsdruckplatte, siehe Bild 249.

● ⚠ Neue Reiblamellen mit sauberem Motoröl schmieren.

● [TIP] Falls kein Rotorblockierwerkzeug zur Verfügung steht, mit Putzlappenblockierung Kurbelwelle festlegen und Lima-Rotor montieren.

● Kupplungsfeder und Schrauben SW 10 installieren, Anzugsmoment 8 Nm.

● Mutter SW 36 des Primärtriebs auf Kurbelwellenstumpf anziehen, siehe Bild 250. Anzugsmoment 120 Nm, Sicherungsblechlasche anlegen.

● Spiel zwischen Kupplungsausrückhebel und Druckstange einstellen: Zeiger Ausrückhebels muss bei Gegendruck (Handkraft) mit der Gehäusemarkierung fluchten. Einstellung erfolgt an der gekonterten Kreuzschlitzschraube in der Kupplungsdruckplatte, siehe Bilder 251 und 252.

● Zwei Passhülsen einsetzen und neue Dichtung auflegen, siehe Bild 253.

Bild 251
Spiel Betätigungshebel/
Druckstange justieren

Bild 252
Kickstarterausführung

Bild 253
Dichtung auflegen und
2 Passhülsen einsetzen

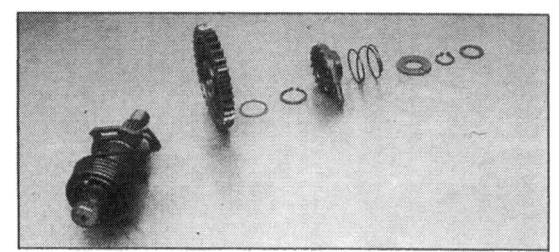

Bild 254
Kickstarter Einzelteile

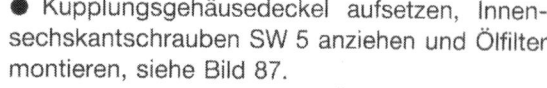

● Kupplungsgehäusedeckel aufsetzen, Innensechskantschrauben SW 5 anziehen und Ölfilter montieren, siehe Bild 87.
● Nur neueste Ausführung: Ölleitung anbringen und Hohlschraube SW 12 mit neuen Dichtscheiben anziehen (Drehmoment 15 Nm).

6.9 Kickstarter

Bild 255
Körnerpunkt muss mit Segmentnase fluchten

● Kickstarterwelle in der in Bild 254 gezeigten Reihenfolge montieren, dabei Stellung Segmentnase/Wellenmarkierung beachten, siehe Bild 255.
● Kickstarter-Zwischenrad montieren, und Kickstarterwelle vormontiert einsetzen. Feder einsetzen, siehe Bild 256. Bild 257 zeigt abweichend von der E-Starter-Ausführung den Gehäusedeckel der Kickstarter-Ausführung.
● Dekompressionszug installieren und einstellen: mit Hilfe des Einstellgewindes im Zug Spiel auf 0,5 mm einstellen (Kolbenstellung: Verbrennungs-OT), siehe Bild 258.

6.10 Lichtmaschine

Bild 256
Feder einhängen

● Scheibe und Nadellager auf Kurbelwelle schieben, siehe Bild 259.
● Nutenstein einsetzen und Kurbelwellenkonus entfetten.
● Rotor installieren, dabei Keilnut des Rotors auf Nutenstein der Kurbelwelle ausrichten.

Bild 257
Primärdeckel Kickstarter-Ausführung

Bild 258 ▶
Spiel in Stellung
Verbrennungs-OT: 0,5 mm

Bild 259 ▶
Scheibe und Nadellager aufschieben

● Rotor blockieren (Schwungradhalter/Putzlappenblockierung auf Kupplungsseite) und Schraube anziehen (Drehmoment 120 Nm / siehe Bild 260).

● Starterzwischenrad samt Welle einsetzen (nur E-Start-Ausführung), zwei Passhülsen (siehe Bild 261) einsetzen und Deckel mit Statorwicklungen mit neuer Dichtung montieren.

6.11 Anlasser

● Bürstenhalterplatte auf Gehäuse anbringen, dabei diese mit ihrer Nase in Kerbe des Gehäuses ausrichten. Damit Anker ohne Beschädigung der Kohlebürsten montiert werden kann, Bürstenfedern ausbauen.

● Anker mit der bei der Demontage notierten Anzahl von Beilagsscheiben versehen und in Gehäuse einführen.

● O-Ring aufsetzen und Rückdeckel anbringen.

● An Frontdeckelseite ebenfalls Beilagscheiben in der bei der Demontage gemachten Anzahl montieren und O-Ring anbringen.

● Frontdeckel und Rückdeckel so montieren, dass die Markierungen, wie in Bild 262 gezeigt, fluchten.

● O-Ring geölt in die Nut des Frontdeckels einsetzen, Anlasser in Motor einbauen und anschliessen. Massekabel an der hinteren Befestigungsschraube SW 10 anbringen.

● Anlasserritzel und Seegering anbringen. Gehäusedeckel montieren, dabei auf Passhülse achten. Siehe Bild 263.

6.12 Vergaser

● Vor Einbau der Düsen und Ventile sämtliche Durchlässe und Bohrungen mit Druckluft freiblasen.

Primärvergaser:

● Düsennadel mit Betätigungsarm am Schieberkolben befestigen und komplett in Gehäuse einsetzen. Siehe Bild 265. Betätigungswelle einschieben und Arm mit Welle verschrauben. Deckel aufsetzen (zwei Kreuzschlitzschrauben).

● Leerlaufdüse, Mischrohr und Hauptdüse von unten einschrauben, siehe Bild 266.

● Schwimmerventilsitz eindrücken und mit Schraube sichern. Schwimmer samt Ventilkegel einsetzen und Schwimmerachse einsetzen.

● Schwimmerstand messen: Abstand zwischen Dichtfläche und Schwimmerkörper muss bei anliegendem, jedoch nicht eingedrücktem Ventilkegel 25–27 mm betragen. Zur Korrektur Schwimmerzunge nachbiegen. Siehe Bild 151, Seite 48.

● Schwimmergehäusedeckel mit neuer Dich-

Bild 260
Lima-Rotor montieren

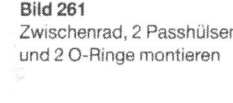

Bild 261
Zwischenrad, 2 Passhülsen und 2 O-Ringe montieren

Bild 262
Gehäusemarkierungen müssen fluchten

Bild 263
Deckel mit Dichtung aufsetzen. Passhülse beachten

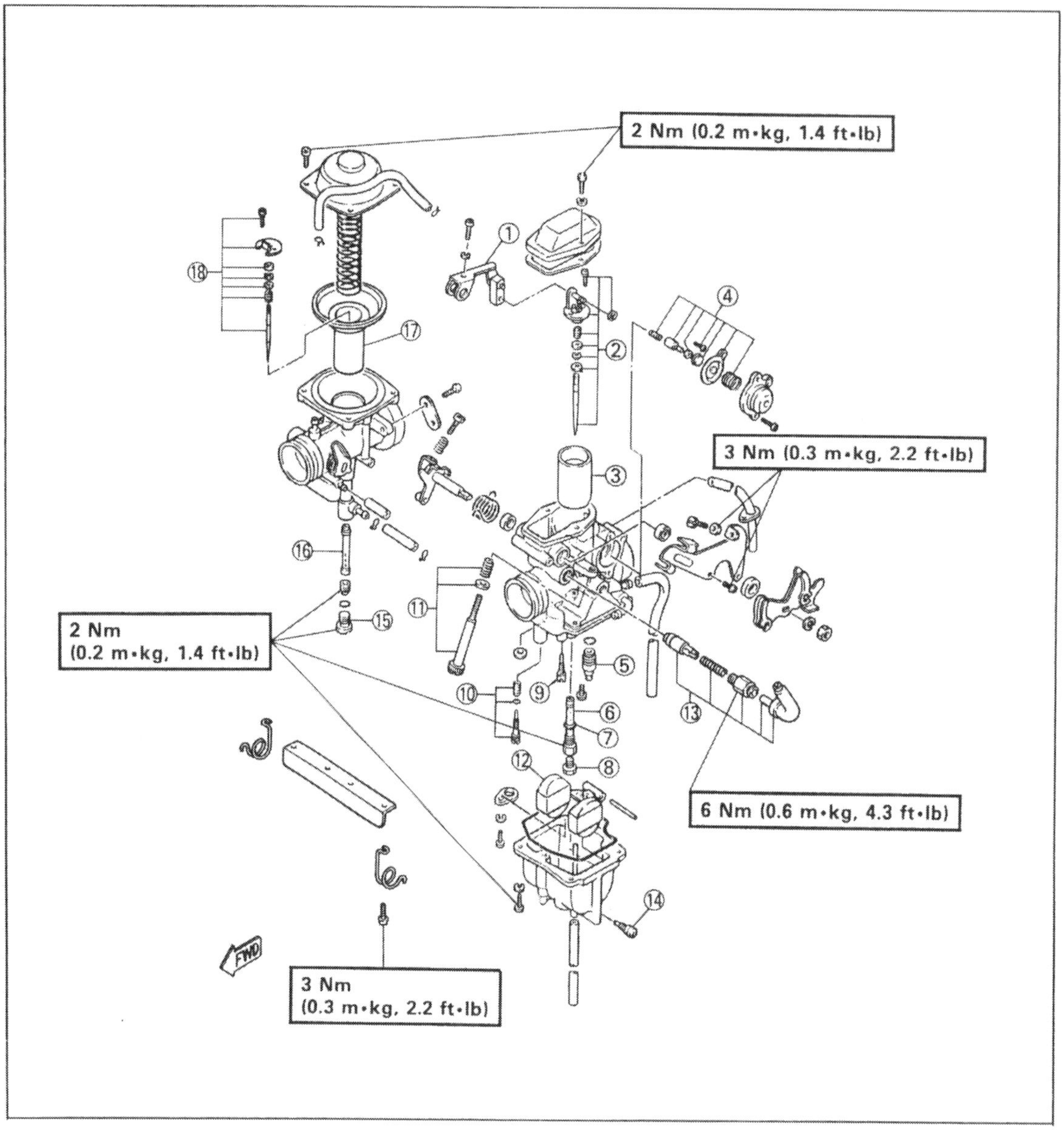

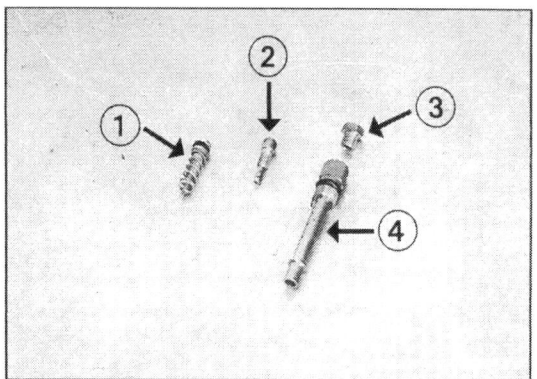

Bild 264
Vergaser-Einzelteile
(neuere Typen: TEIKEI Y 27 PV
andere Typen
siehe Seite 91/92):
1 Verbindungsarm
2 Düsennadelsatz (5 C 48–3/5)
3 Schieberkolben
4 Schubbetrieb-Anreicherung
5 Nadelventilsatz
6 Hauptzerstäuber
7 O-Ring
8 Hauptdüse
  (Primär: #165
  Sekundär: #125)
9 Leerlaufdüse (#48)
10 Gemischregulierungssatz
   (3 Ausdrehungen)
11 Schieberkolben-
   Anschlagsatz
12 Schwimmer
13 Startvergaser-(Choke-)
   Kolbensatz
14 Ablass-Schraube
15 Verschluss-Schraube
16 Hauptzerstäuber
17 Unterdruck-Kolben
18 Düsennadelsatz (5X76–3/5)

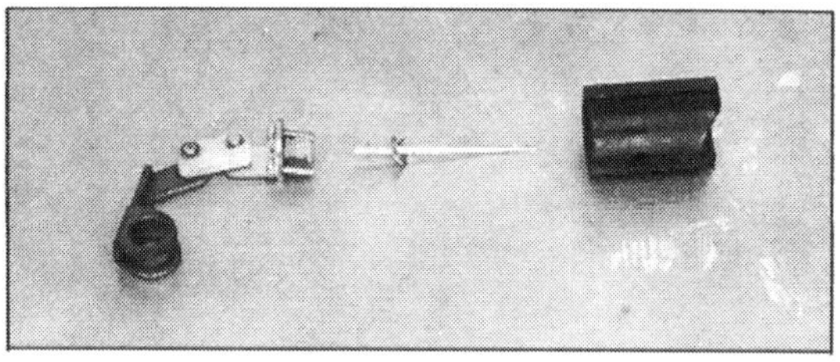

Diagram labels:
2 Nm (0.2 m·kg, 1.4 ft·lb)
3 Nm (0.3 m·kg, 2.2 ft·lb)
2 Nm (0.2 m·kg, 1.4 ft·lb)
6 Nm (0.6 m·kg, 4.3 ft·lb)
3 Nm (0.3 m·kg, 2.2 ft·lb)
FWD

Bild 265
Betätigungsarm, Düsennadel
und Schieberkolben

Bild 266
Primärvergaser
1 Gemischregulierschraube
2 Leerlaufdüse
3 Hauptdüse
4 Zerstäuber

tung, die sauber in ihrer Nut sitzt, versehen und von unten mit vier Kreuzschlitzschrauben montieren.
● Gemischregulierschraube mit Feder und O-Ring eindrehen, bis sie leicht aufsitzt, dann drei Umdrehungen herausdrehen (Grundstellung).
● ⚠ Sitz der Gemischregulierschraube wird beschädigt, wenn Schraube gegen den Sitz angezogen wird!
● Membran und Kolben der Schiebebetrieb-Anreicherung einsetzen.
Es folgen Feder und Deckel.

Sekundärvergaser:
● Düsennadel mit Halteblech am Boden des Unterdruckkolbens befestigen. Siehe Bild 267. Unterdruckkolben einsetzen, dabei darauf achten, dass Membrane der neueren Typen sauber in Nut des Vergasergehäuses zum Sitzen kommt, siehe Bild 268. Deckel mit Feder montieren.

◄ **Bild 267**
Sekundärvergaser: Membran
und Unterdruck-Kolben

Bild 268
Membran muss sauber
in Nut sitzen

● Hauptdüse und Mischrohr von unten ein-schrauben.

● Vergaser koppeln, siehe Bilder 269 und 270. Gemischregulier-Schraube ganz eindrehen und 3 Umdrehungen herausdrehen. Schraube nicht ge-gen den Sitz anziehen! Bei schlechtem Übergang von Leerlauf in Teillastbereich eine viertel Umdre-hung zugeben.

Schieberkolben mittels Vollgas-Anschlagschrau-be so einstellen, dass Kolben bei Vollgas bündig bis maximal 1 mm über Vergaser-Bohrung steht. Drosselklappen-Einstellung: Drosselklappe mit-tels Einstellschraube bei voll geöffnetem Schie-berkolbens genau waagrecht stellen.

Einbau der Vergaser erfolgt bei eingebautem Motor in umgekehrter Reihenfolge des Ausbaus. Leerlauf-Einstellung siehe Kapitel Wartung, Seite 21.

6.13 Motoreinbau

● Motor von der Seite in Rahmen heben. Alle Zapfenschrauben der Motoraufhängung und Motorträger von links einschieben.

Schwingen/Motorlagerzapfen einschieben und Mutter anziehen (siehe Seite 56).

● Sämtliche Schraubverbindungen (siehe Bild 102) mit vorgeschriebenem Drehmoment anzie-hen (Drehmoment vorne und hinten 58 Nm / oben 50 Nm).

● Antriebskettenrad so installieren, dass mar-kierte Seite aussen liegt. Sicherungsblech an-bringen und die zwei Schrauben SW 10 fest anziehen, siehe Bild 97. Abdeckung und Schalt-hebel anbringen.

Neuere Ausführung: Sicherungsblech auflegen und Mutter SW 32 mit 110 Nm Drehmoment anziehen. Siehe Bilder 271 und 272.

● Sämtliche Elektrik-Verbindungen installieren (Lima, Zündimpulsgeber, Anlasser und Leerlauf).

● Kupplungszug und Auspuff anbringen (siehe Bild 392).

Bild 269
Vergaser vormontiert

Bild 270
Drosselklappe
waagrecht ausrichten
(Pfeil: Einstellschraube)

Bild 271
Ritzelmontage neuere Typen

Bild 272 ▶
Sicherungslaschen anlegen

Bild 273
Benzinpumpe: Membranen und Dichtungen

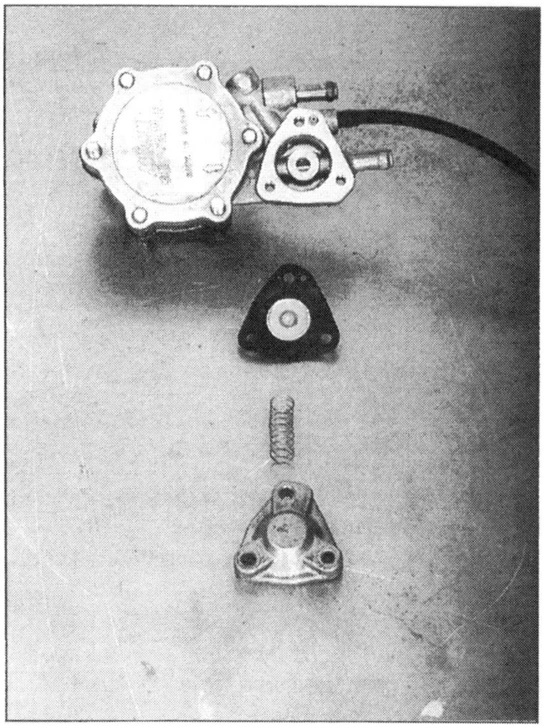

Bild 274 ▶
Unterdruckventil: Membran, Feder und Deckel

Bild 275
Einbaulage der langen Schrauben

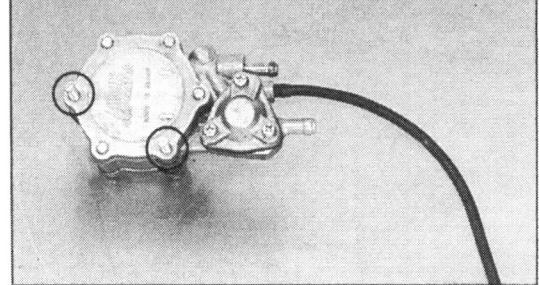

● Züge und Kabel wie in Kapitel 7 verlegen.
● Vergaser und Züge einbauen.

6.14 Benzinpumpe

● Membranen, Dichtungen und in der in Bild 273 gezeigten Reihenfolge montieren. Sitz der langen Schrauben siehe Bild 275.
● Benzinventil- Membran, Feder und Deckel an-

bringen, siehe Bild 274.
● Unterdrucksteuerschlauch an der Rückseite der Pumpe anbringen, übrige Schläuche siehe Bild 276.

6.15 Inbetriebnahme des überholten Motors

● Die auf Seite 30 beschriebenen Arbeitsgänge

«Vorarbeiten» in umgekehrter Reihenfolge durchführen.

● Motor mit Öl befüllen, alle nötigen Einstellarbeiten an Bremse, Kupplung, Antriebs- und Steuerkettenspannung, Vergaser und Gaszugbetätigung vor dem ersten Start durchführen.

● Es kann sein, dass die Abgase des Motors in den ersten Minuten des Motorlaufes eine stark blaue Färbung haben. Das ist auf die Verbrennung desjenigen Motorenöls zurückführen, das bei der Montage des Motors aus Sicherheitsgründen in etwas zu reichlichem Masse beigegeben wurde. Man darf sich also von der beschriebenen Erscheinung nicht beunruhigen lassen.

● Bevor man mit dem Motorrad am öffentlichen Strassenverkehr teilnimmt, kontrolliert man Bremsen, Lichtanlage, Blinkanlage, Kupplung und Gangschaltung auf Funktionstüchtigkeit.

● Während der ersten 1000 km Fahrstrecke denke man daran, dass die bei der Überholung des Motors neu eingebauten Motorenteile eine gewisse Einlaufzeit benötigen. Deshalb vermeidet man es, den Motor im oberen Drehzahlbereich «jubeln» zu lassen, aber ihn im unteren Drehzahlbereich Steigungen hinauf zu «quälen».

● Nach einer Laufstrecke von etwa 500 km soll-

Bild 276
Schlauchanschlüsse
1 Benzin zum Vergaser
2 Benzin vom Tank
3 Unterdruckansteuerung
  vom Einlasstrakt
4 offener Schlauch

te man sich die kleine Mühe machen, das Ventilspiel zu kontrollieren und im Rahmen eines Ölwechsels auch ein neues Ölfilter spendieren.

7 Kabel und Züge

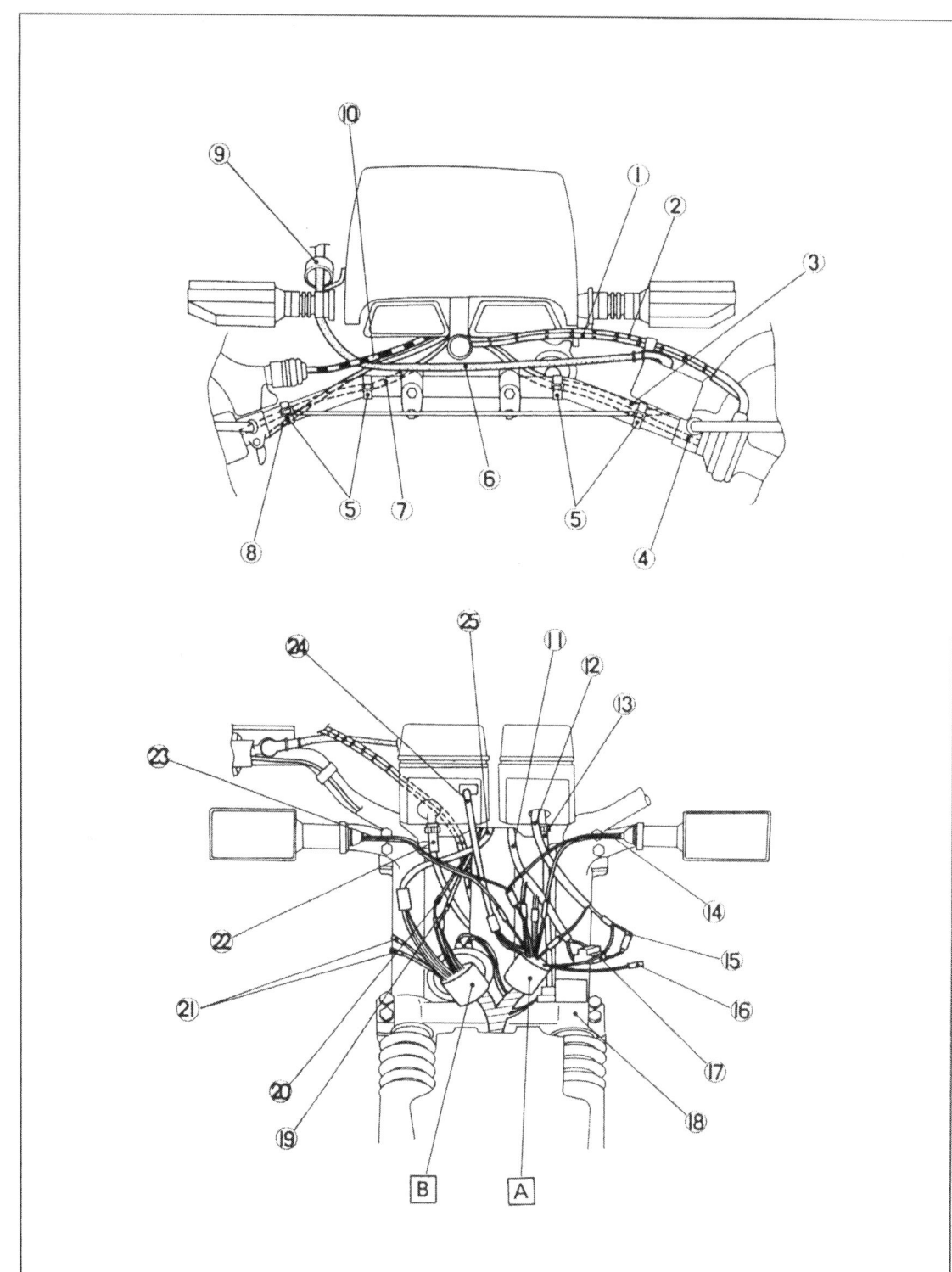

Kabelführungsübersicht
1 Drosselkabel 1
2 Drosselkabel 2
3 Bremsschalterleitung
4 Lenkerschalterleitung (rechts)
5 Band
6 Bremskabel
7 Lenkerschalterleitung (links)
8 Anlasserkabel
9 Kabelhalter
10 Kupplungskabel
11 Lenkerschalterleitung (links)
12 Drehzahlmesserleitung
13 Drehzahlmesserkabel
14 Lichtleitung für Frontblinker (links)
15 Erdungsleitung
   Reservebeleuchtung
16 Reservelichtleitung
17 Scheinwerferfassung
18 Blinker-Relais
19 Bremsschalterleitung
20 Motorstoppschalterleitung
21 Zum Scheinwerfer
22 Tachometerkabel
23 Lichtleitung für hinteren Blinker
   (rechts)
24 Messinstrument-Lichtleitung
25 Hauptschalterleitung

A Nach Anschluss die Anschlussab-
   deckung anbringen (links)
B Nach Anschluss die Anschlussab-
   deckung anbringen (rechts)

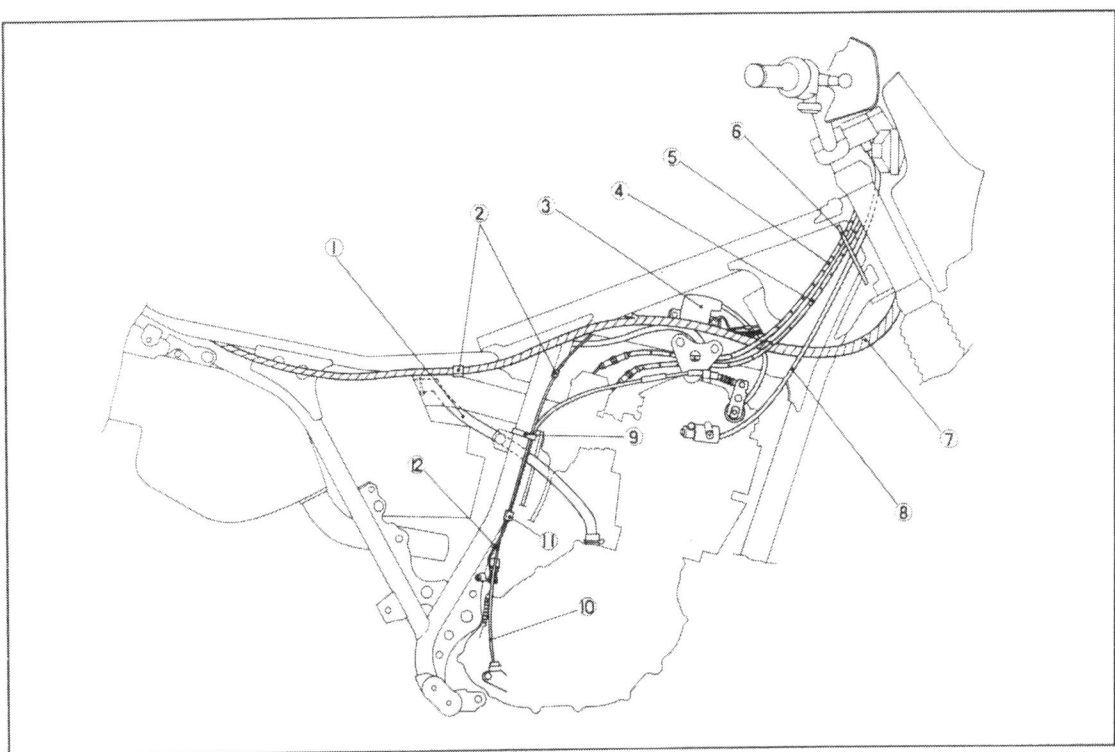

Kabelführungsübersicht

1 Entlüftungsschlauch
2 Klemme
3 Zündspule
4 Drosselkabel 2
5 Drosselkabel 1
6 Kabelführung
7 Kabelbaum
8 Drehzahlmesserkabel
9 Band
10 Dekompressionskabel
11 Klemme
12 Leitung für Hinterrad-
Bremsenschalter

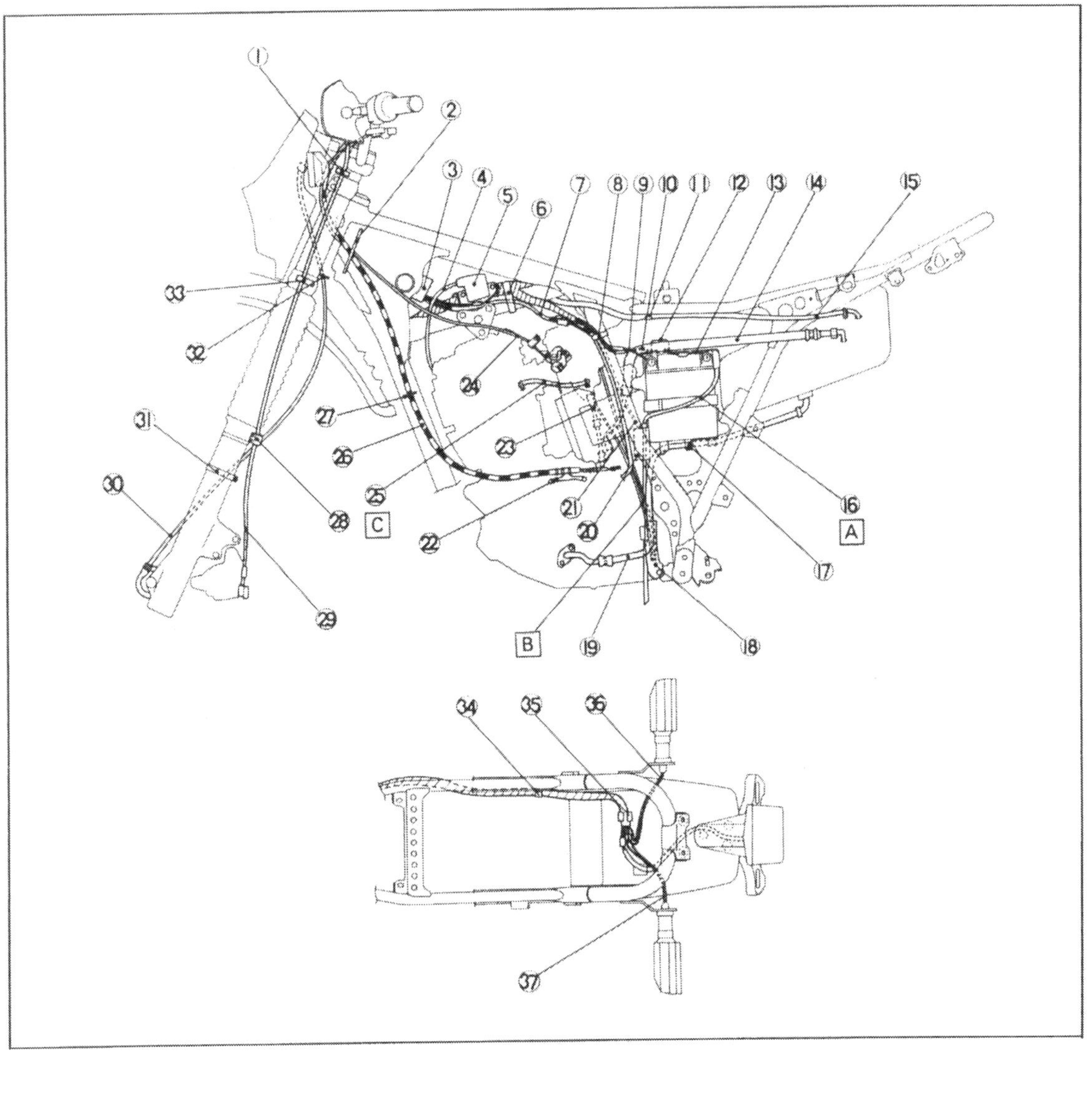

Kabelführungsübersicht

1 Kabelhalter
2 Kabelführung
3 CDI-Einheit
4 Hochspannungskabel
5 Zündspule
6 Band
7 CDI-Einheits-Leitung
8 Band
9 Positive Batterieleitung
10 Stromunterbrecherleitung
11 Klemme
12 Stromunterbrecher
13 Negative Batterieleitung
14 Ölschlauch
15 Ölentlüftungsrohr
16 Batterieentlüftungsrohr
17 Batteriekastenführung
18 Platte
19 Ölschlauch
20 Regulator
21 Regulatorleitung
22 Halter
23 Ölschlauch
24 Anlasserkabel
25 Sicherungsrohr
26 Kupplungskabel
27 Kabelführung
28 Klemme
29 Bremsschlauch
30 Tachometerkabel
31 Band
32 Klemme
33 Kabelhalter
34 Klemme
35 Hintere Kotflügelführung
36 Hintere Blinkerleitung (rechts)
37 Hintere Blinkerleitung (links)

A Zwischen Batterie und Regulator,
dann zwischen linker Kurbelgehäusehälfte und der Platte und zum
Schluss am Motorschutz (links)
vorbeiführen
B Vergaserüberlaufrohr, Klemmrohr
mit Platte
C Niemals Zylinder, Ölkühler und
Tankflansch berühren

Kabelführungsübersicht

1 Band
2 Anlasserrelais
3 Negative (–) Leitungskabel der Batterie
4 Positive (+) Leitungskabel der Batterie
5 Unterbrechungsschalter
6 Batterie
7 Unterbrechungsrelais des Anlassstromkreises
8 Blinkerrelais
9 Gleichrichter / Spannungsregler
10 Klemme
11 Leitungskabel des Seitenständerschalters
12 Vergaser-Belüftungsschlauch
13 Kraftstoffpumpen-Belüftungsschlauch
14 Vergaser-Überlaufschlauch
15 Batterie-Entlüftungsschlauch
16 Leitungskabel des Wechselstromgenerators
17 Leitungskabel des Anlassers
18 Kraftstoffpumpe
19 Kraftstoffschlauch
20 Kraftstoff-Impulsschlauch

A Das weisse Band mit dem Rahmen ausrichten
B Von Kraftstoffschlauch
C Zum Ansaugkrümmer
D Vom Vergaser

* Für Modell mit Seitenständerschalter

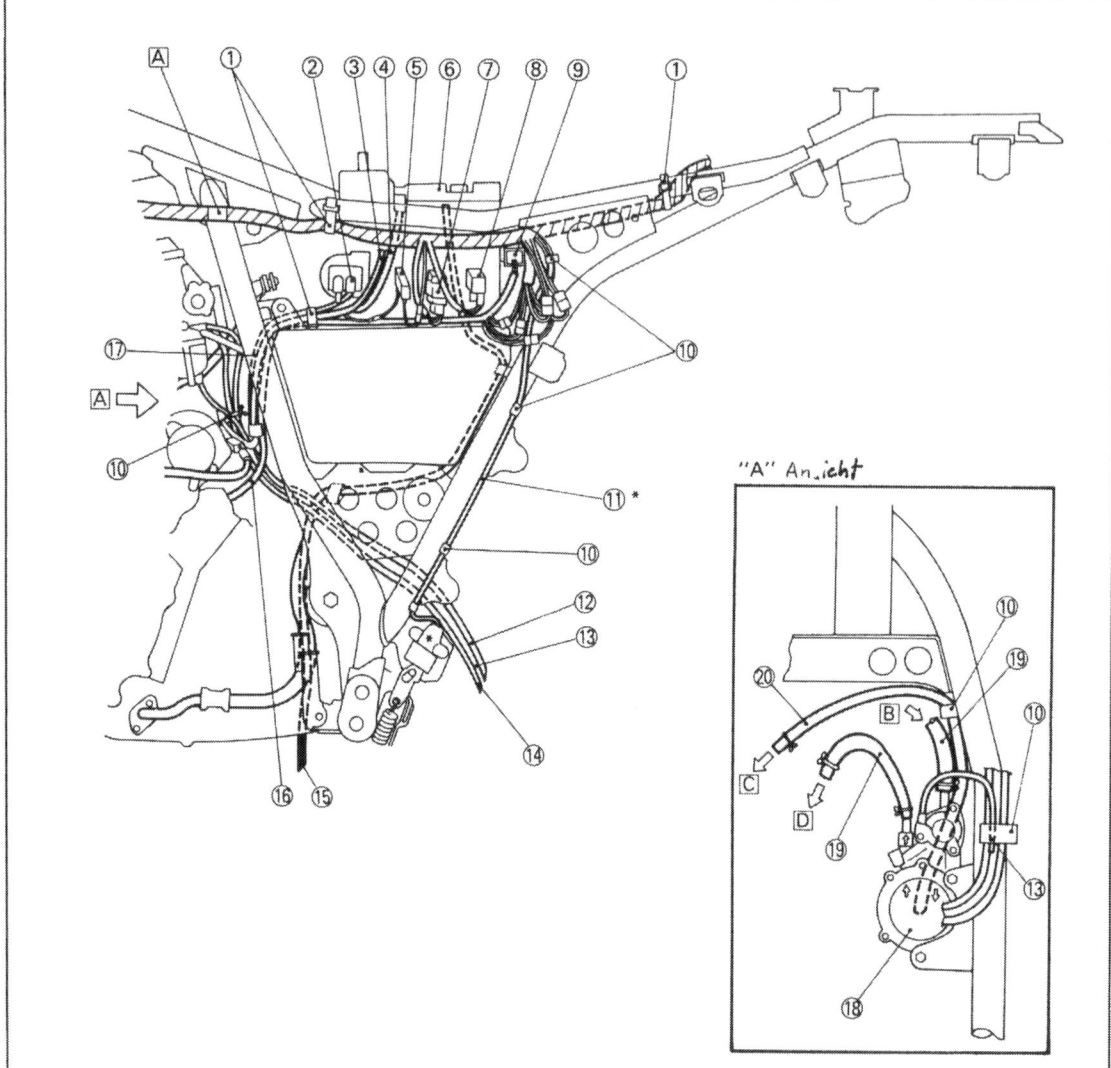

"A" Ansicht

78

Notizen

Notizen

8 Anzugsmomente

Allgemeine Anzugsdaten

Diese Tabelle spezifiziert Anzugsmomente für normale Befestigungselemente mit normalen I.S.O.-Gewindenormen. Anzugsmomente für besondere Bauteile bzw. Bauteileinheiten sind in den einzelnen Abschnitten in dieser Wartungsanleitung aufgefügt. Wenn Teile mit mehreren Befestigungselementen festgezogen werden, die Schrauben und Muttern kreuzweise und in mehreren Schritten bis zum vorgeschriebenen Anzugsmoment festziehen, so dass keine Teile verzogen werden. Falls nicht anders vermerkt, so gelten die Anzugsmomente für trockene und saubere Gewinde.

A (Mutter)	B (Mutter)	Allgemeine Anzugsmomente		
		Nm	m·kg	ft·lb
10 mm	6 mm	6	0,6	4,3
12 mm	8 mm	15	1,5	11
14 mm	10 mm	30	3,0	22
17 mm	12 mm	55	5,5	40
19 mm	14 mm	85	8,5	61
22 mm	16 mm	130	13,0	94

Die anzuziehenden Bauteile sollten dabei Raumtemperatur aufweisen.

Anzugsreihenfolge der Kurbelgehäuse-Befestigungsschrauben

Linkes Gehäuse   Rechtes Gehäuse

Anzugsmoment				
Anzuziehendes Teil	Gewindegrösse	Anzugsmoment		
		Nm	m·kg	ft·lb
Vorderradgabel / Lenker:				
– Lenkerkrone und inneres Rohr	M8 ×1,25	23	2,3	17
– Lenkerkrone und Lenkerschaft	M14×1,25	77	7,7	56
– Lenker	M8 ×1,25	20	2,0	14

Anzuziehendes Teil	Gewindegrösse	Anzugsmoment		
		Nm	m·kg	ft·lb
– Lenkerschaft und Ringmutter (siehe ANMERKUNG)	M25×1,0	6	0,6	4,3
– Klemme (Vorderrad-Bremsschlauch)	M8 ×1,25	10	1,0	7,2
– Hauptbremszylinderkappe (Vorderradbremse)	M4 ×0,7	2	0,2	1,4
– Verkleidungstütze und Rahmen	M6 ×1,0	23	2,3	17
– Verkleidungstütze und Verkleidung	M6 ×1,0	7	0,7	5,1
– Instrumenten-Befestigungsschraube	M6 ×1,0	7	0,7	5,1
– Signalhorn und Rahmen	M6 ×1,0	7	0,7	5,1
– Hauptschalter und Lenkerkrone	M6 ×1,0	7	0,7	5,1
– Lenkerhalter	M10×1,25	30	3,0	22
– Kabelhalter (Geschwindigkeitsmesserkabel)	M5 ×0,8	1	0,1	0,7
– Verkleidung und Kraftstofftank	M5 ×0,8	4	0,4	2,9
– Windschutzscheibe und Verkleidung	M5 ×0,8	1	0,1	0,7
Motorbefestigung:				
– Motorstütze (vorne) und Rahmen	M10×1,25	64	6,4	46
– Motorstütze (vorne) und Motor	M10×1,25	64	6,4	46
– Motorstütze (oben) und Rahmen	M10×1,25	64	6,4	46
– Motorstütze (oben) und Motor	M10×1,25	64	6,4	46
– Motorstütze (hinten) und Rahmen	M10×1,25	64	6,4	46
– Motorschutz und Rahmen	M6 ×1,0	10	1,0	7,2
Hinterrad-Stossdämpfer / Hinterradschwinge:				
– Drehzapfenwelle – Stahlschwinge	M14×1,5	85	8,5	61
– Drehzapfenwelle – Aluschwinge	M14×1,5	100	8,5	61
– Hinterradschwinge und Relaisarm	M12×1,25	59	5,9	43
– Relaisarm und Pleuelstange	M10×1,25	32	3,2	23
– Pleuelstange und Rahmen	M10×1,25	32	3,2	23
– Hinterrad-Stossdämpfer und Rahmen	M12×1,25	59	5,9	43
– Kettenspanner	M8 ×1,25	23	2,3	17
– Kettenkasten und Hinterradschwinge	M6 ×1,0	4	0,4	2,9
– Kettenschutz und Hinterradschwinge	M6 ×1,0	7	0,7	5,1
– Kettenführung und Hinterradschwinge	M6 ×1,0	7	0,7	5,1
– Schraube (am Hinterradschwingenende)	M6 ×1,0	3	0,3	2,2
Vorderrad / Hinterrad:				
– Vorderradachse und Mutter	M14×1,5	110	11,0	80
– Hinterradachse und Mutter	M16×1,5	90	9,0	65
– Vorderradachshalter	M6 ×1,0	8	0,8	5,8
– Bremssattel (vorne) und Vorderradgabel	M10×1,25	35	3,5	25
– Bremssattel (hinten) und Halterung	M10×1,25	35	3,5	25
– Halterung und Hinterradschwinge	M10×1,25	45	4,5	32
Fussraste / Pedal / Ständer:				
– Seitenständer und Rahmen	M10×1,25	40	4,0	29
– Hinterrad-Bremslichtschalter und Rahmen	M6 ×1,0	4	0,4	2,9
– Fussraste (für Fahrer) und Rahmen	M10×1,25	45	4,5	32
– Fussraste (für Sozius) und Rahmen	M8 ×1,25	20	2,0	14
– Hauptbremszylinder (Hinterradbremse) und Rahmen	M8 ×1,25	20	2,0	14
– Ausgleichbehälter (Hinterradbremse) und Rahmen	M6 ×1,0	4	0,4	2,9
Tank / Sitz / Abdeckung / Kotflügel:				
– Zulassungsschild-Halterung	M6 ×1,0	5	0,5	3,6
– Hinterer Reflektor	M5 ×0,8	4	0,4	2,9
– Öltank und Ölschlauch	M6 ×1,0	10	1,0	7,2
– Ablassschraube (Öltank)	M8 ×1,25	18	1,8	13
– Spezialschraube (Öltank)	M12×1,25	20	2,0	14
– Sturzhelmhalter und Rahmen	M6 ×1,0	4	0,4	2,9
– Sitz und Rahmen	M6 ×1,0	10	1,0	7,2
– Vordere Kotflügel und Unterbefestigung	M6 ×1,0	7	0,7	5,1
– Hintere Kotflügel	M6 ×1,0	7	0,7	5,1
– Batteriekasten und Rahmen	M6 ×1,0	7	0,7	5,1

Anzuziehendes Teil	Gewindegrösse	Anzugsmoment		
		Nm	m·kg	ft·lb
– Kraftstofftankstütze und Rahmen	M6 ×1,0	7	0,7	5,1
– Kraftstofftank und Rahmen	M6 ×1,0	7	0,7	5,1
– Kraftstoffpumpe und Rahmen	M5 ×0,8	5	0,5	3,6
– Kraftstoffpumpe und Klemme	M6 ×1,0	7	0,7	5,1
– Öltank und Rahmen	M8 ×1,25	10	1,0	7,2
– Ölkühler und Rahmen	M6 ×1,0	7	0,7	5,1
– CDI-Einheit und Kotflügel	M6 ×1,0	4	0,4	2,9
– Zulassungsschild-Halterung und Schlussleuchte	M6 ×1,0	7	0,7	5,1
– Spannungsregler und Batteriekasten	M6 ×1,0	7	0,7	5,1
– Spannungsregler und Batteriekasten	M16×1,25	35	3,5	25
– Spannungsregler und Batteriekasten	M12×1,25	24	2,4	17

ANMERKUNG:
1. Zuerst die Ringmutter mit Hilfe eines Drehmomentschlüssels mit 38 Nm (3,8 m·kg, 27 ft·lb) festziehen und danach um eine Drehung lösen.
2. Danach die Ringmutter nochmals mit dem vorgeschriebenen Anzugsmoment festziehen.

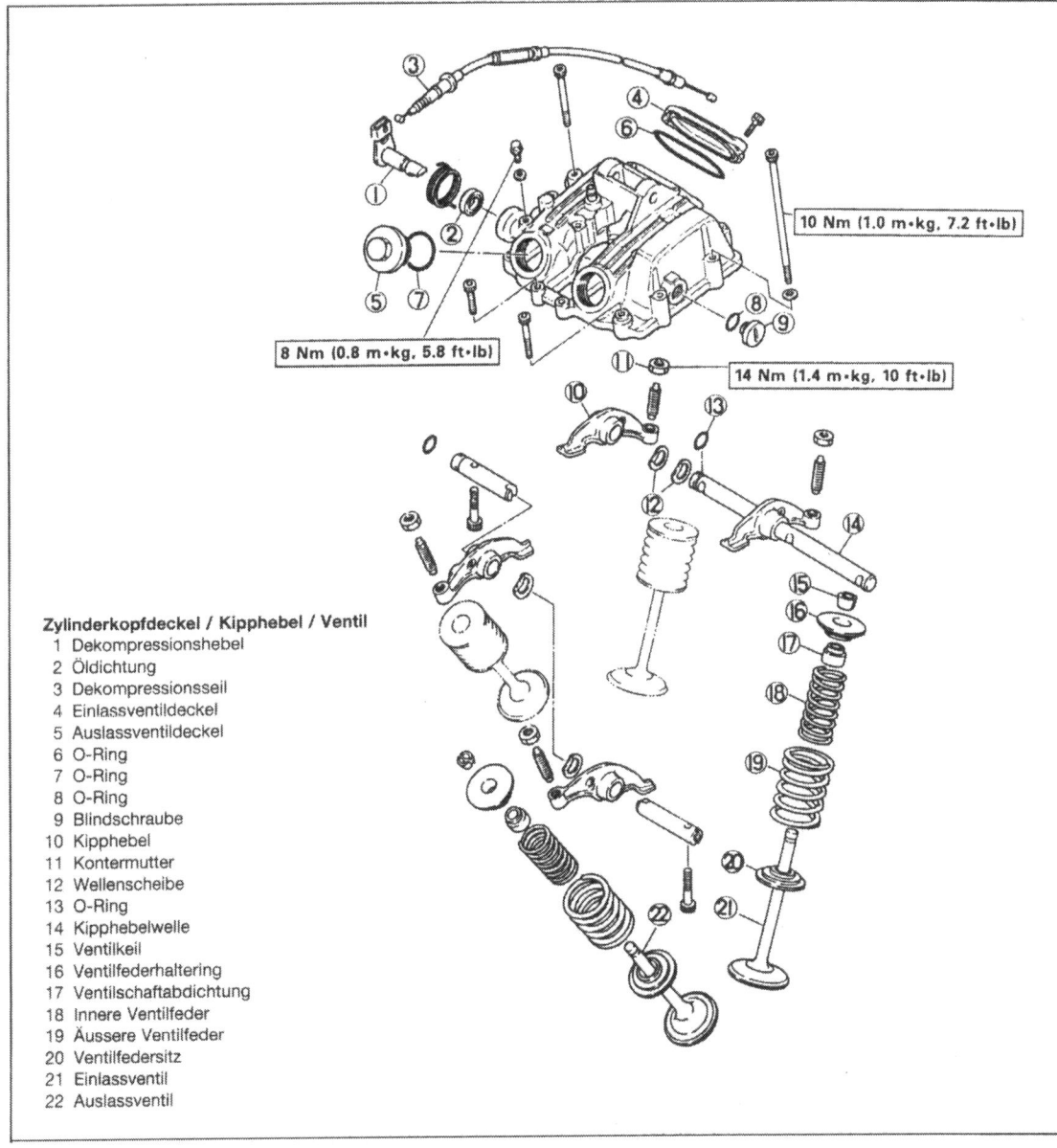

10 Nm (1.0 m·kg, 7.2 ft·lb)

8 Nm (0.8 m·kg, 5.8 ft·lb)

14 Nm (1.4 m·kg, 10 ft·lb)

Zylinderkopfdeckel / Kipphebel / Ventil
1 Dekompressionshebel
2 Öldichtung
3 Dekompressionsseil
4 Einlassventildeckel
5 Auslassventildeckel
6 O-Ring
7 O-Ring
8 O-Ring
9 Blindschraube
10 Kipphebel
11 Kontermutter
12 Wellenscheibe
13 O-Ring
14 Kipphebelwelle
15 Ventilkeil
16 Ventilfederhaltering
17 Ventilschaftabdichtung
18 Innere Ventilfeder
19 Äussere Ventilfeder
20 Ventilfedersitz
21 Einlassventil
22 Auslassventil

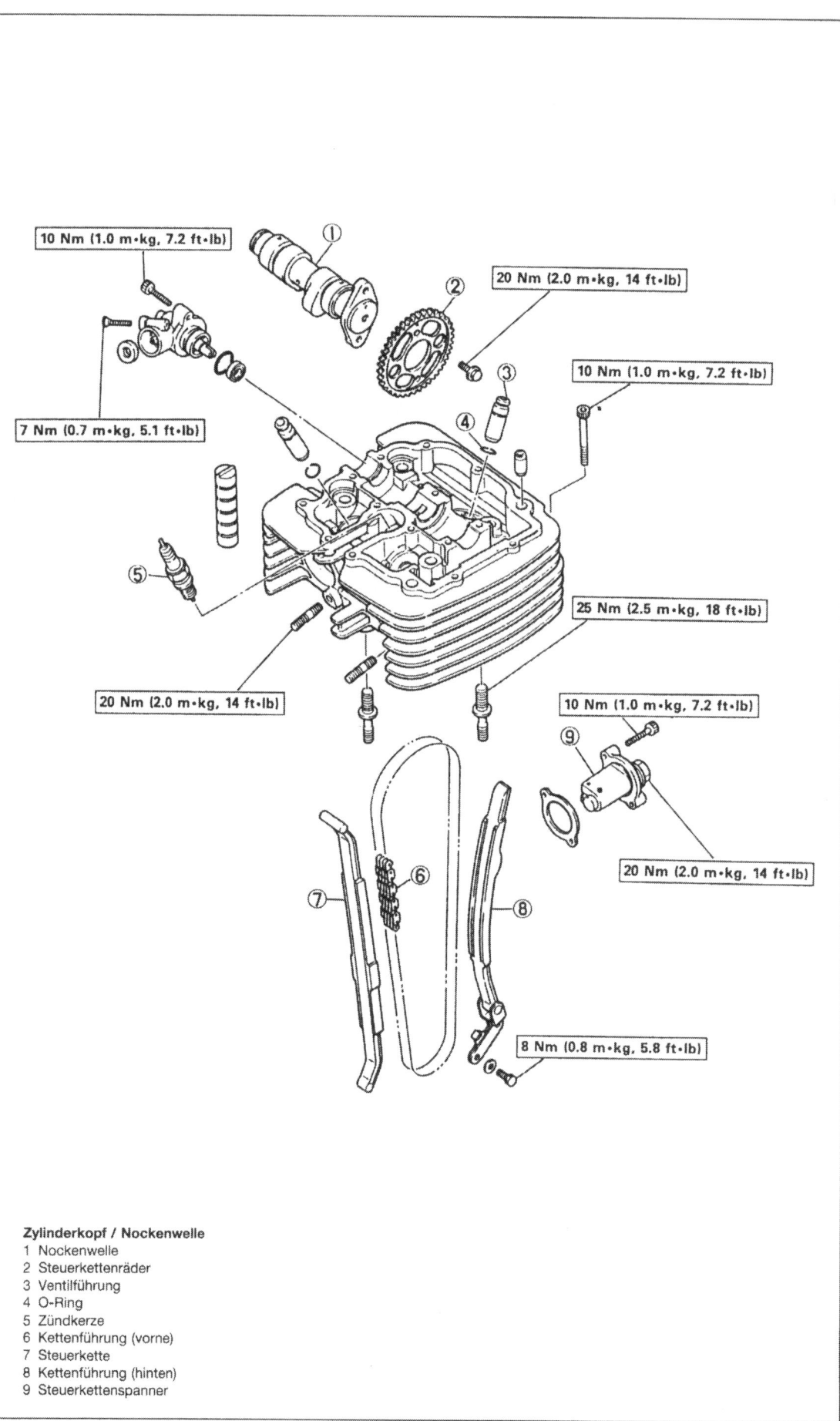

10 Nm (1.0 m·kg, 7.2 ft·lb)

20 Nm (2.0 m·kg, 14 ft·lb)

7 Nm (0.7 m·kg, 5.1 ft·lb)

10 Nm (1.0 m·kg, 7.2 ft·lb)

25 Nm (2.5 m·kg, 18 ft·lb)

20 Nm (2.0 m·kg, 14 ft·lb)

10 Nm (1.0 m·kg, 7.2 ft·lb)

20 Nm (2.0 m·kg, 14 ft·lb)

8 Nm (0.8 m·kg, 5.8 ft·lb)

Zylinderkopf / Nockenwelle
1 Nockenwelle
2 Steuerkettenräder
3 Ventilführung
4 O-Ring
5 Zündkerze
6 Kettenführung (vorne)
7 Steuerkette
8 Kettenführung (hinten)
9 Steuerkettenspanner

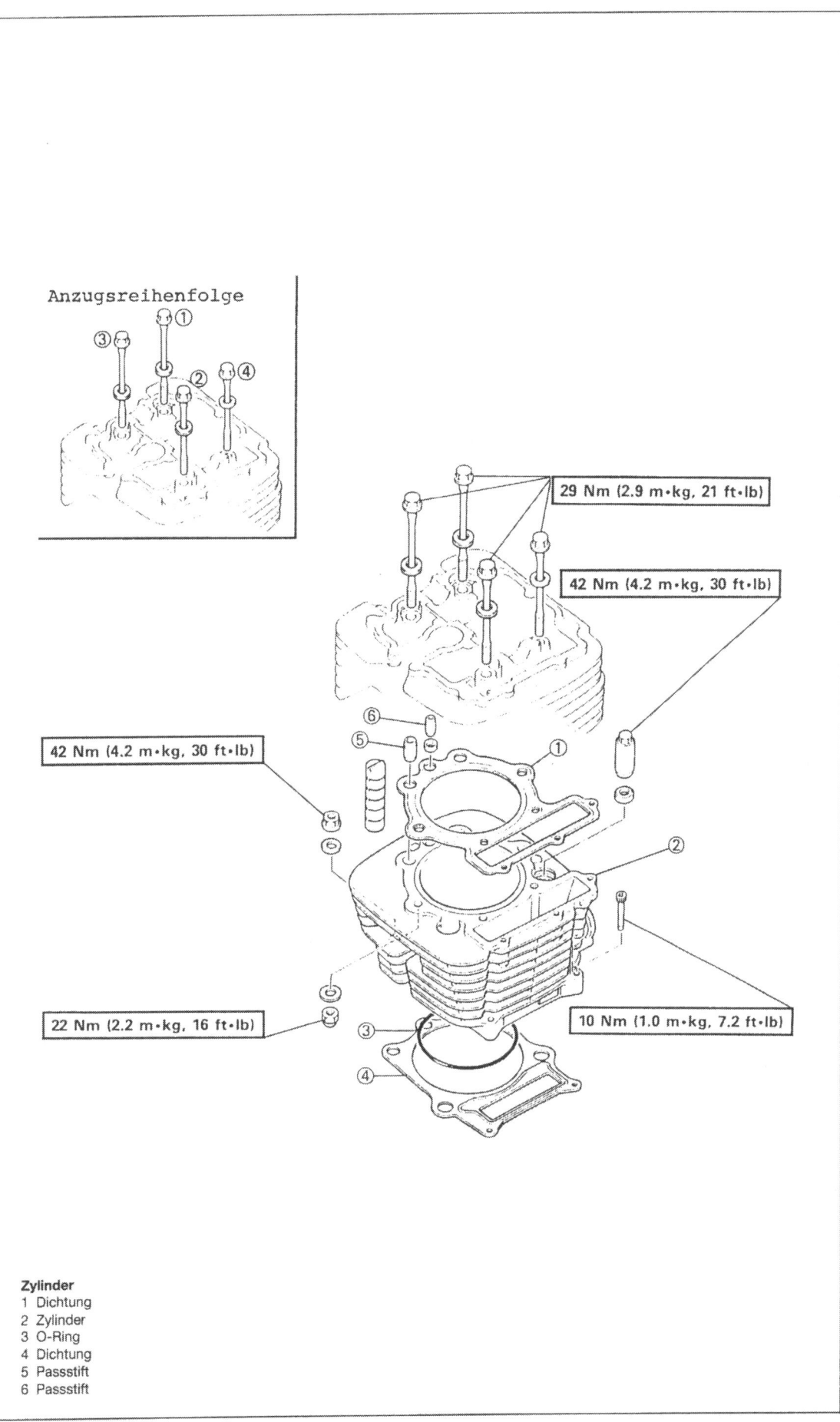

Anzugsreihenfolge

29 Nm (2.9 m·kg, 21 ft·lb)

42 Nm (4.2 m·kg, 30 ft·lb)

42 Nm (4.2 m·kg, 30 ft·lb)

22 Nm (2.2 m·kg, 16 ft·lb)

10 Nm (1.0 m·kg, 7.2 ft·lb)

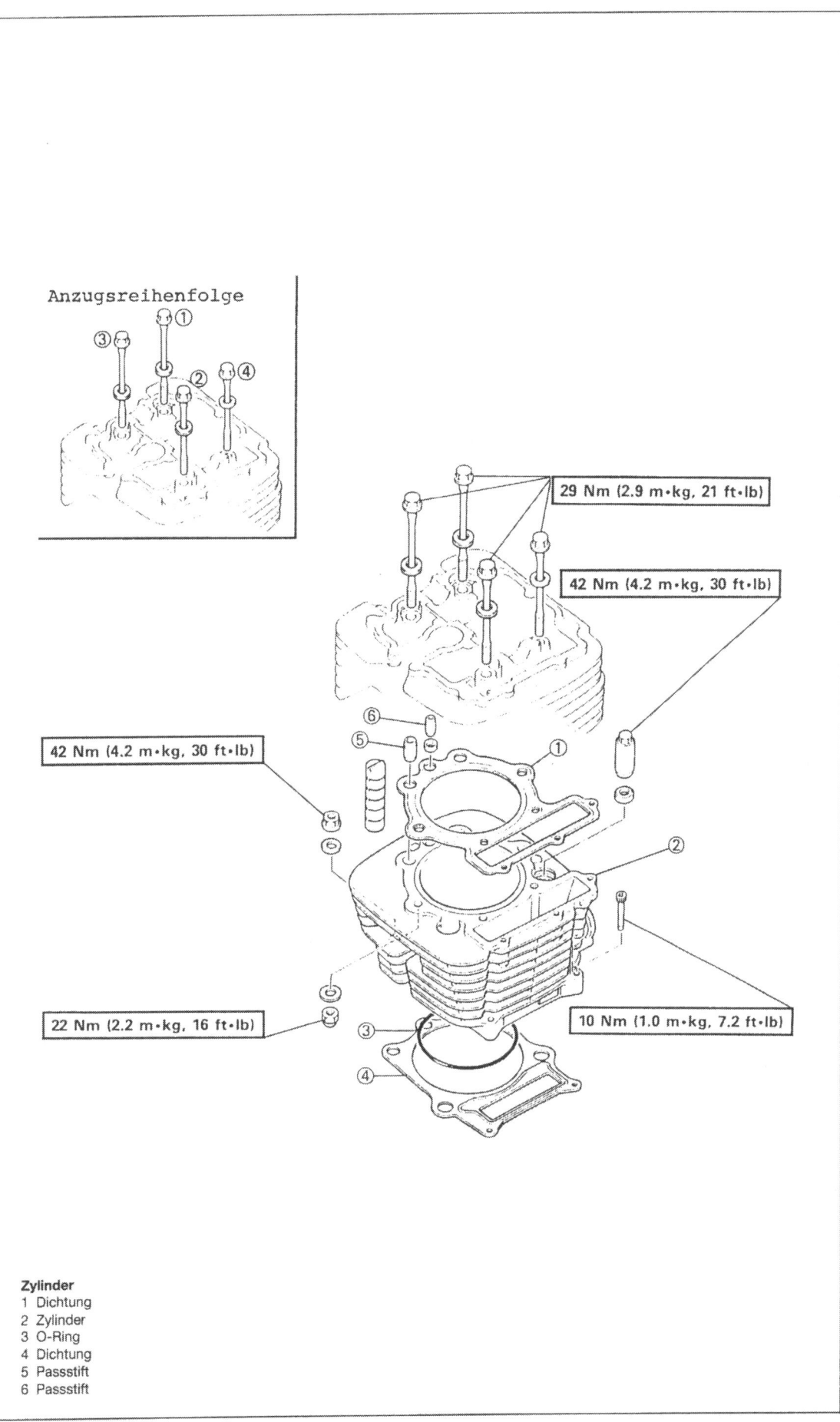

Zylinder
1 Dichtung
2 Zylinder
3 O-Ring
4 Dichtung
5 Passstift
6 Passstift

**MASS-
und
EINSTELL-
DATEN**

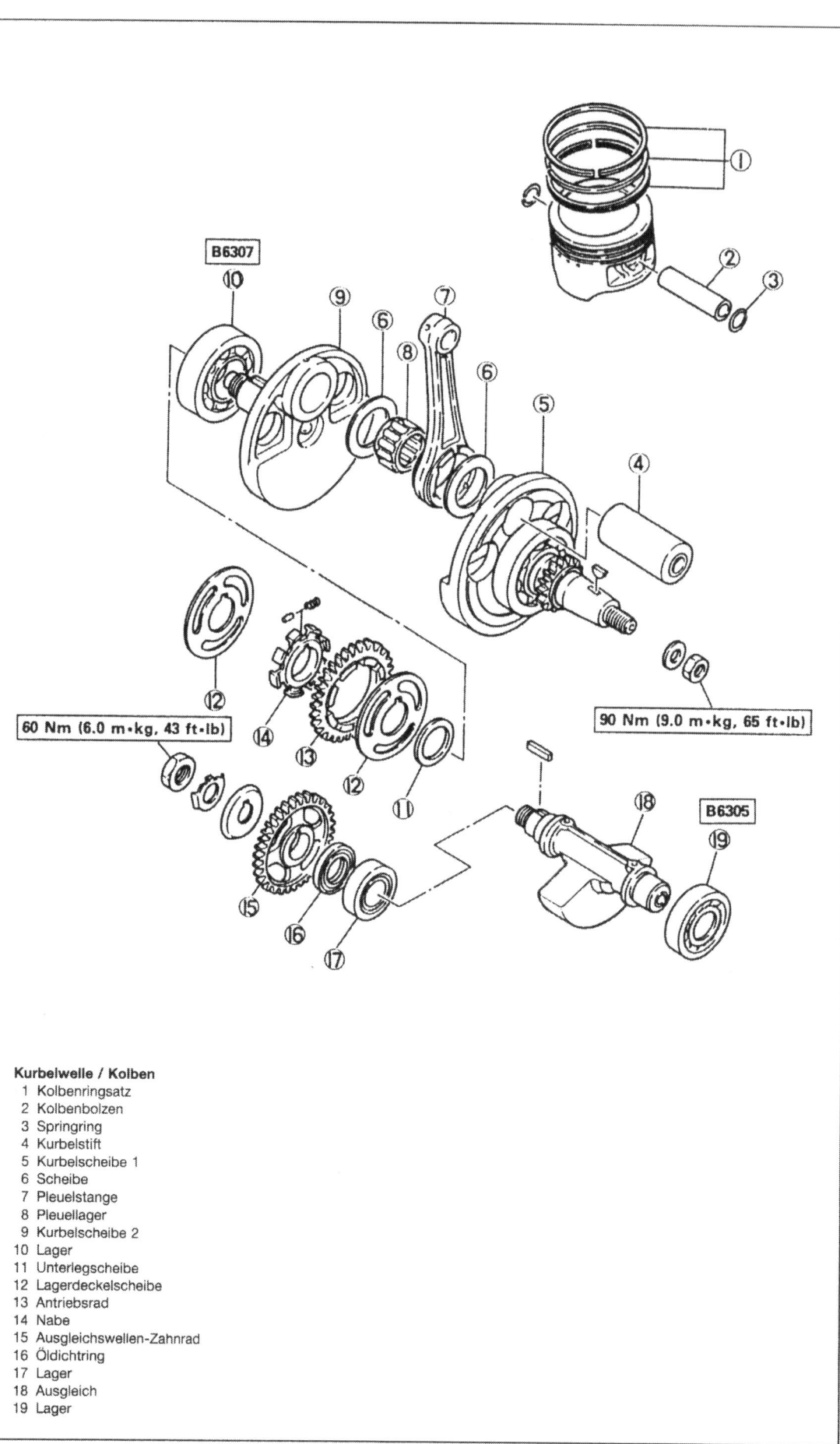

B6307

B6305

60 Nm (6.0 m·kg, 43 ft·lb)

90 Nm (9.0 m·kg, 65 ft·lb)

Kurbelwelle / Kolben
1 Kolbenringsatz
2 Kolbenbolzen
3 Springring
4 Kurbelstift
5 Kurbelscheibe 1
6 Scheibe
7 Pleuelstange
8 Pleuellager
9 Kurbelscheibe 2
10 Lager
11 Unterlegscheibe
12 Lagerdeckelscheibe
13 Antriebsrad
14 Nabe
15 Ausgleichswellen-Zahnrad
16 Öldichtring
17 Lager
18 Ausgleich
19 Lager

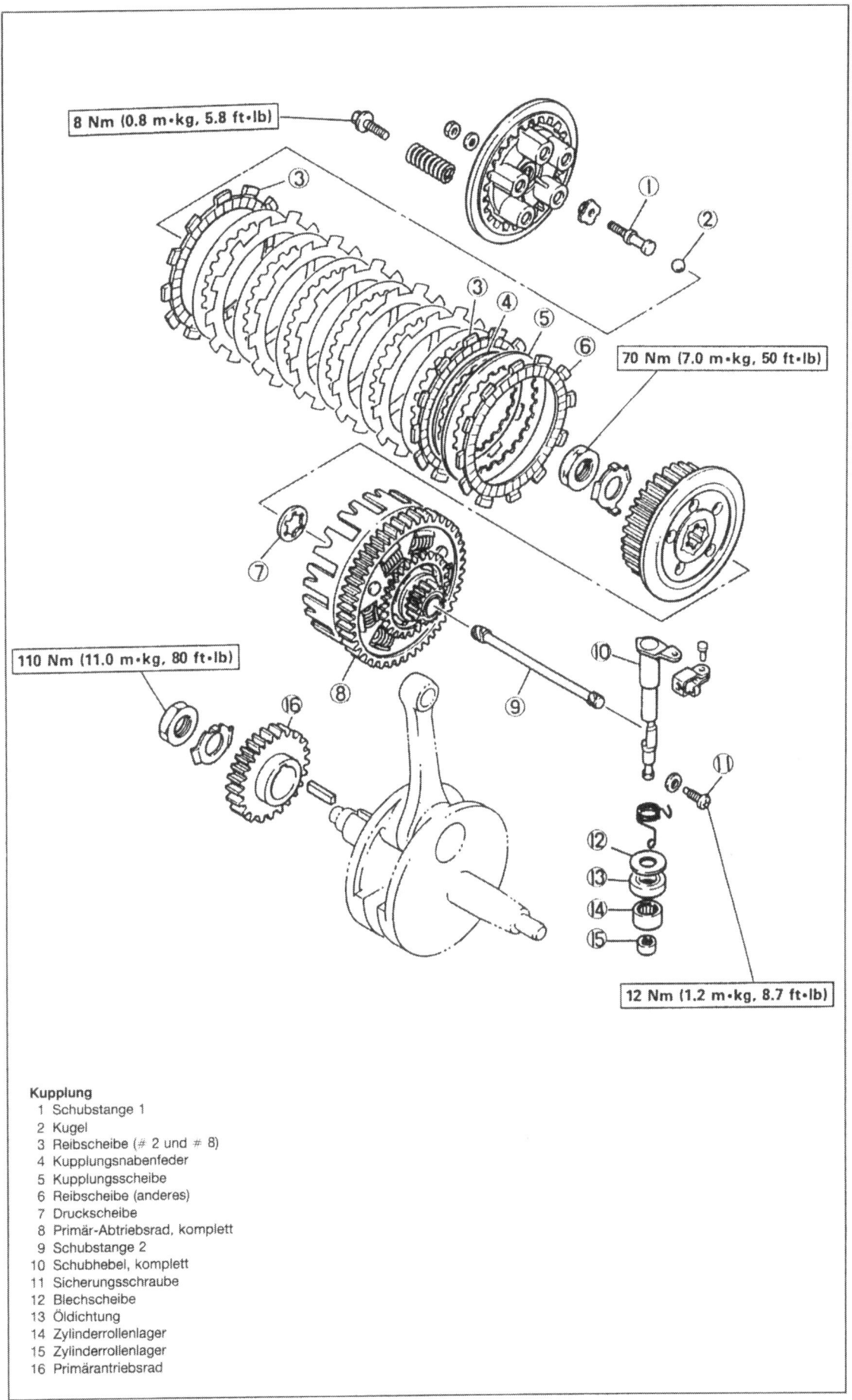

8 Nm (0.8 m·kg, 5.8 ft·lb)

70 Nm (7.0 m·kg, 50 ft·lb)

110 Nm (11.0 m·kg, 80 ft·lb)

12 Nm (1.2 m·kg, 8.7 ft·lb)

Kupplung
1 Schubstange 1
2 Kugel
3 Reibscheibe (# 2 und # 8)
4 Kupplungsnabenfeder
5 Kupplungsscheibe
6 Reibscheibe (anderes)
7 Druckscheibe
8 Primär-Abtriebsrad, komplett
9 Schubstange 2
10 Schubhebel, komplett
11 Sicherungsschraube
12 Blechscheibe
13 Öldichtung
14 Zylinderrollenlager
15 Zylinderrollenlager
16 Primärantriebsrad

MASS- und EINSTELL-DATEN

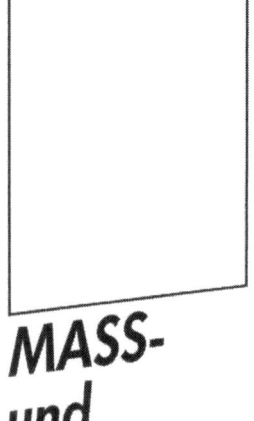

7 Nm (0.7 m·kg, 5.1 ft·lb)
flüssige Schraubensicherung verwenden
10 Nm (1.0 m·kg, 7.2 ft·lb)
110 Nm
ab Bj.86

Getriebe
1 Lager
2 Zahnrad 1. Gang
3 Zahnrad 4. Gang
4 Zahnrad 3. Gang
5 Zahnrad 5. Gang
6 Antriebswelle
7 Zahnrad 2. Gang
8 Scheibe
9 Lager
10 Öldichtung
11 Brillendeckel
12 Antriebskettenrad
13 Lager
14 Hauptwelle
15 Ritzel 4. Gang
16 Ritzel 3. Gang
17 Ritzel 5. Gang
18 Ritzel 2. Gang
19 Lager

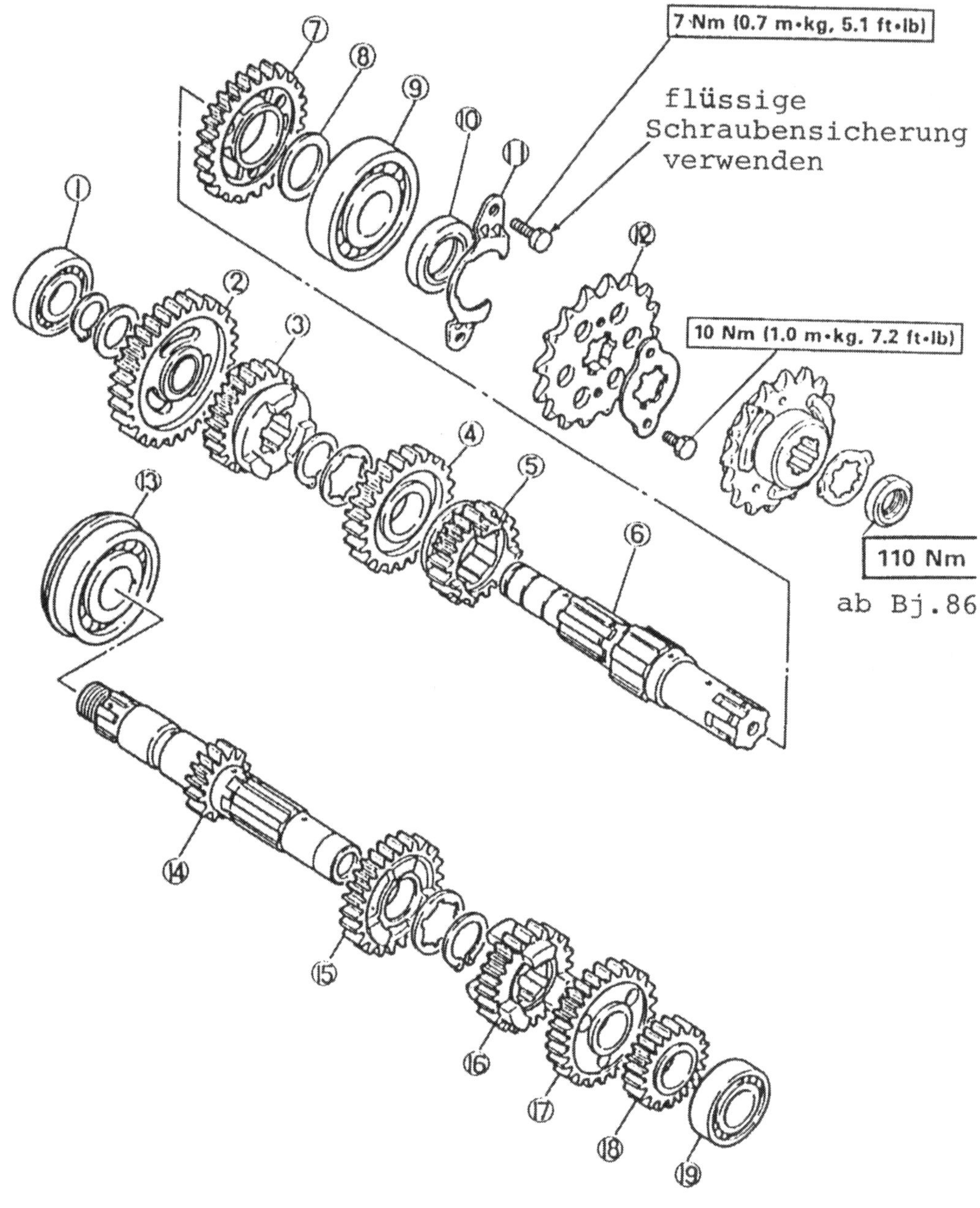

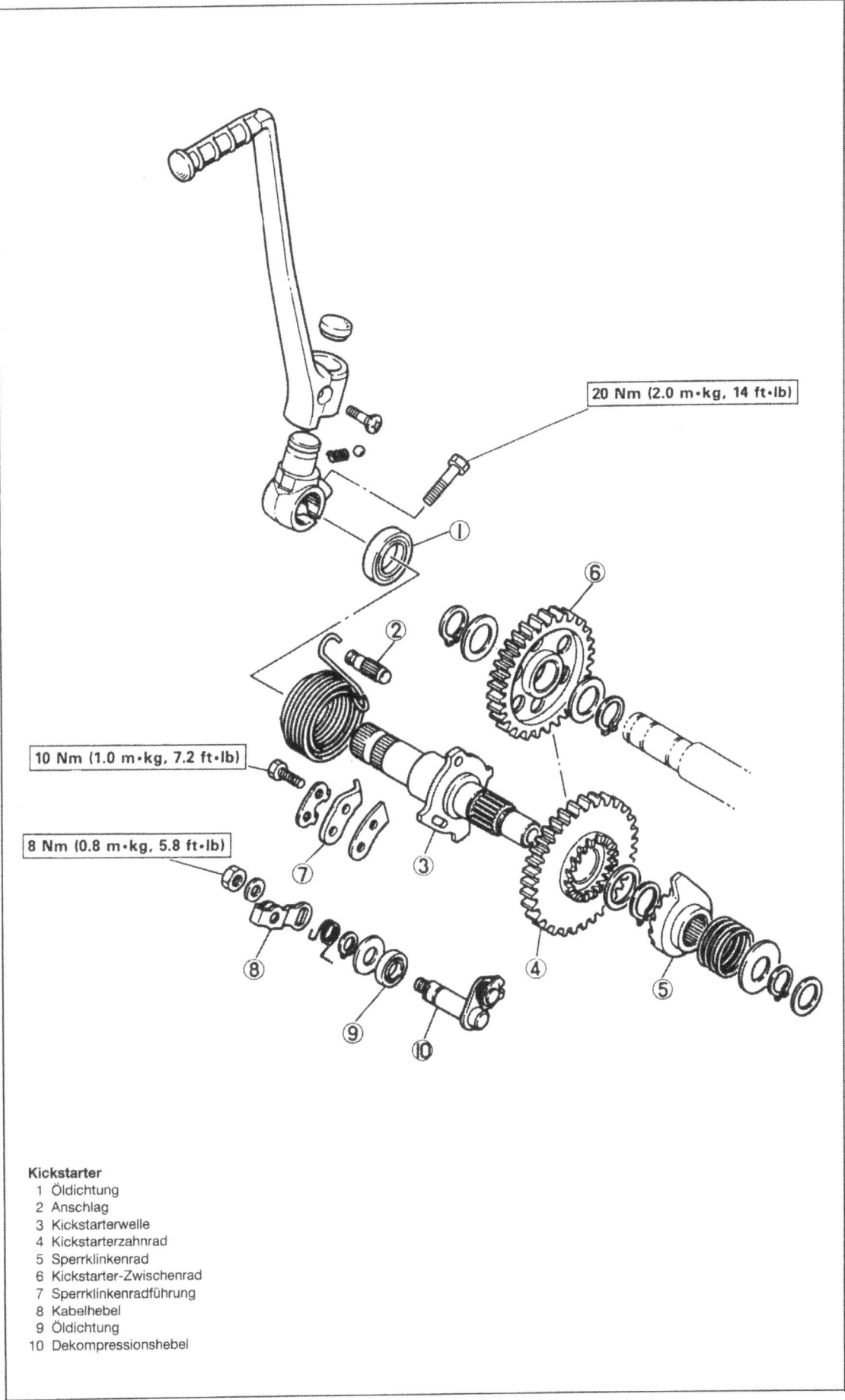

20 Nm (2.0 m·kg, 14 ft·lb)

10 Nm (1.0 m·kg, 7.2 ft·lb)

8 Nm (0.8 m·kg, 5.8 ft·lb)

Kickstarter
1 Öldichtung
2 Anschlag
3 Kickstarterwelle
4 Kickstarterzahnrad
5 Sperrklinkenrad
6 Kickstarter-Zwischenrad
7 Sperrklinkenradführung
8 Kabelhebel
9 Öldichtung
10 Dekompressionshebel

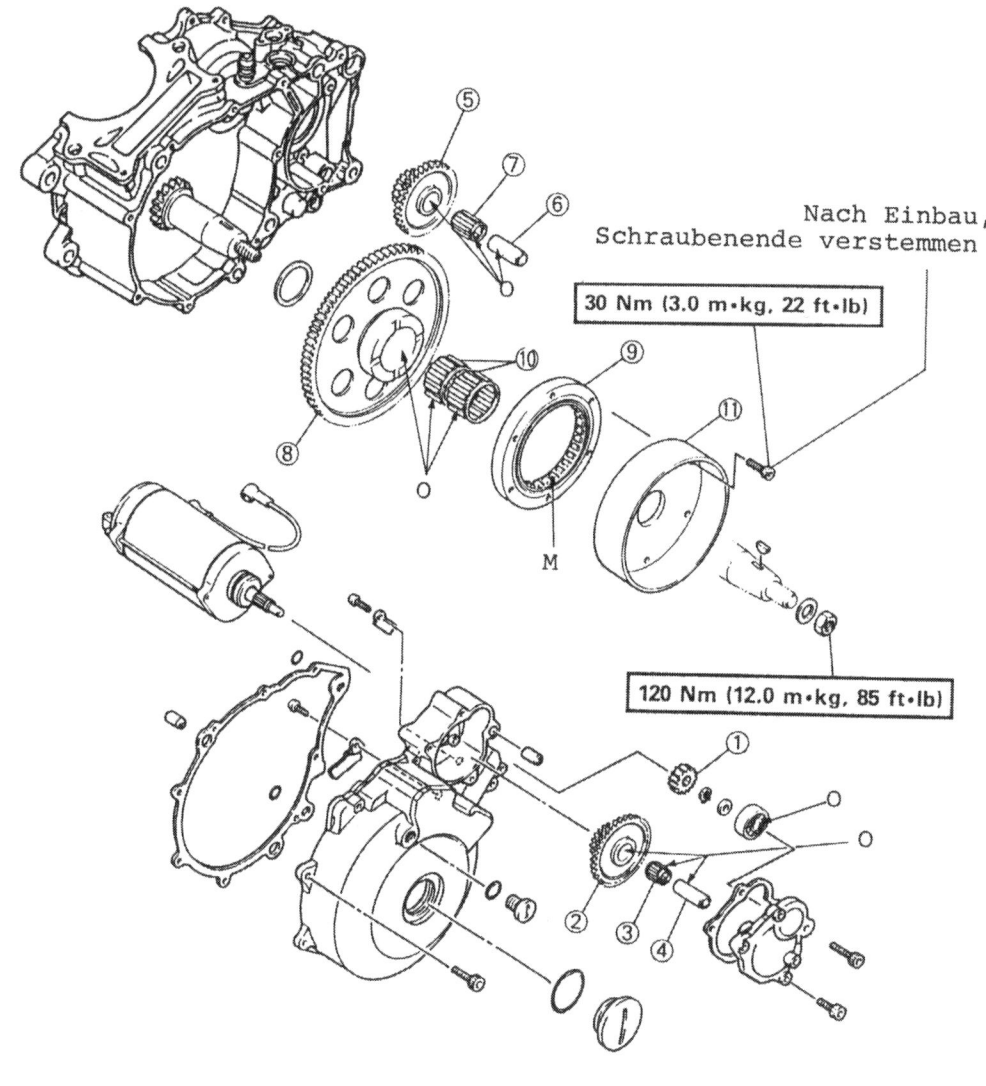

Bei Montage:
O:Motoröl auftragen
M:Molybdändisulfidöl auftragen

Nach Einbau,
Schraubenende verstemmen

30 Nm (3.0 m·kg, 22 ft·lb)

120 Nm (12.0 m·kg, 85 ft·lb)

Anlasser-Antrieb
1 Anlasser-Antriebszahnrad
2 Primär-Anlasserzwischenzahnrad
3 Lager
4 Primär-Zwischenzahnradwelle
5 Sekundär-Anlasserzwischenzahnrad
6 Sekundär-Zwischenzahnradwelle
7 Lager
8 Anlasserzahnrad
9 Anlasserkupplung
10 Lager
11 CDI-Magnetzünder

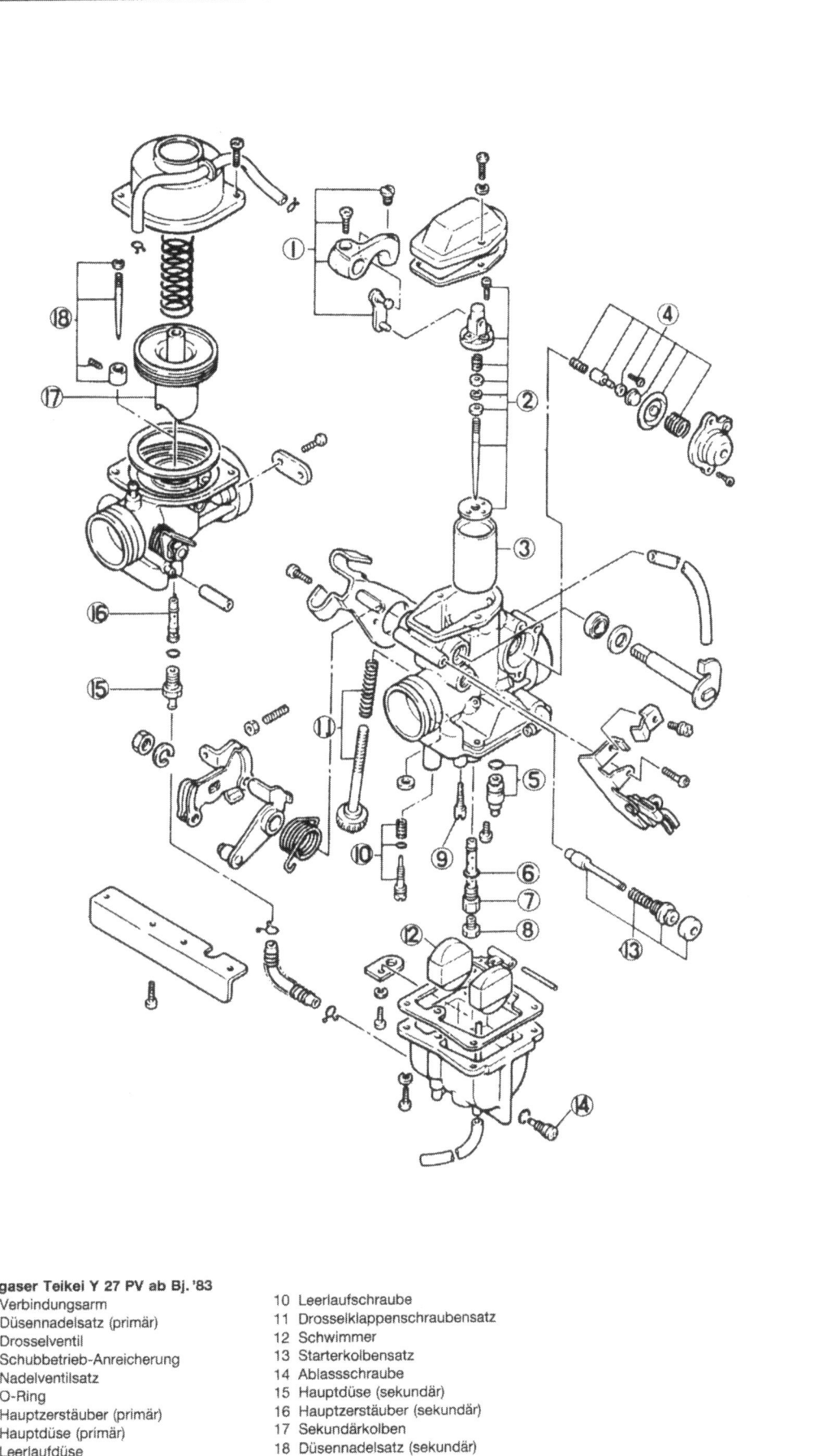

Vergaser Teikei Y 27 PV ab Bj. '83

1 Verbindungsarm
2 Düsennadelsatz (primär)
3 Drosselventil
4 Schubbetrieb-Anreicherung
5 Nadelventilsatz
6 O-Ring
7 Hauptzerstäuber (primär)
8 Hauptdüse (primär)
9 Leerlaufdüse

10 Leerlaufschraube
11 Drosselklappenschraubensatz
12 Schwimmer
13 Starterkolbensatz
14 Ablassschraube
15 Hauptdüse (sekundär)
16 Hauptzerstäuber (sekundär)
17 Sekundärkolben
18 Düsennadelsatz (sekundär)

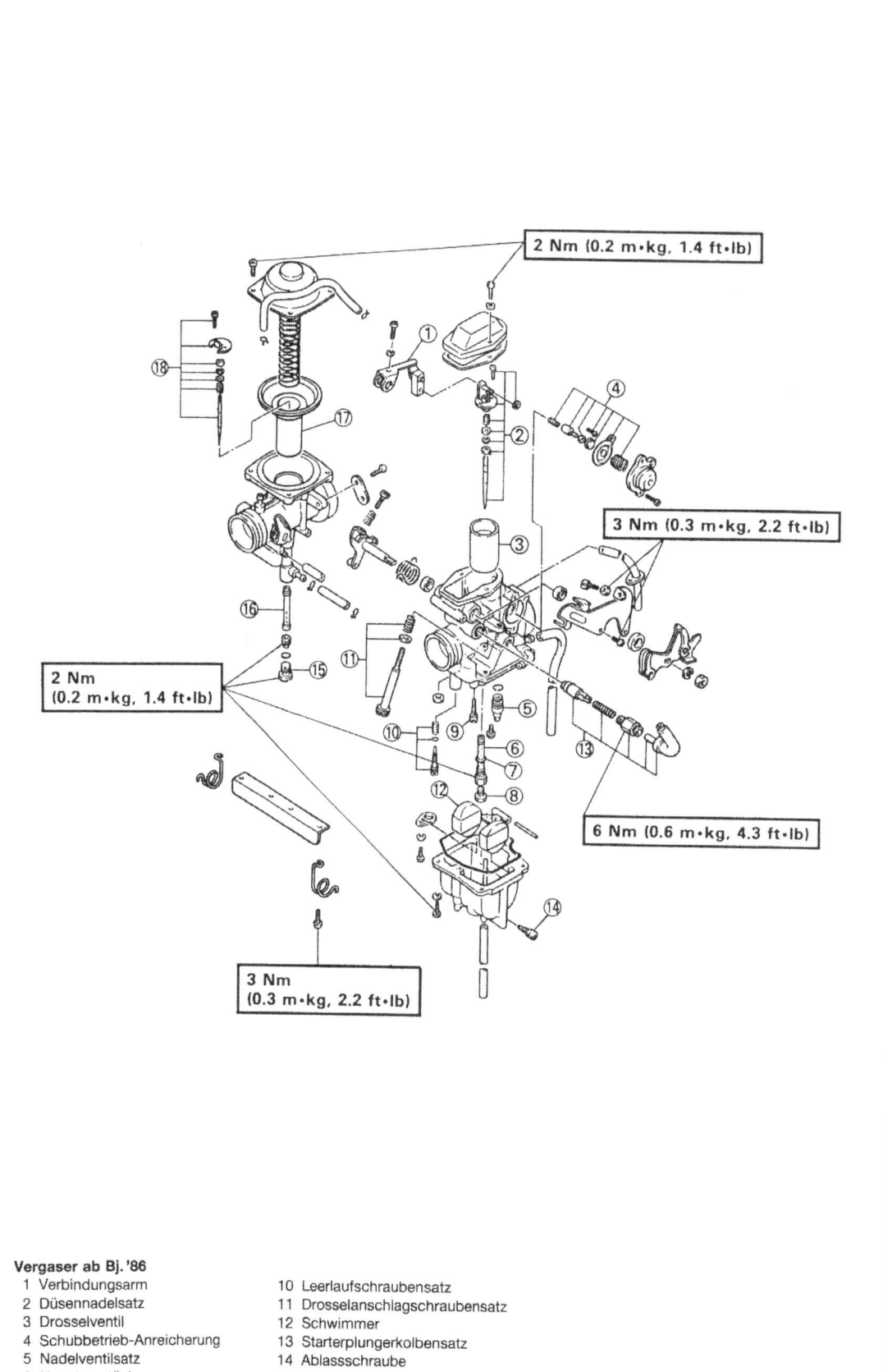

2 Nm (0.2 m·kg, 1.4 ft·lb)

3 Nm (0.3 m·kg, 2.2 ft·lb)

2 Nm (0.2 m·kg, 1.4 ft·lb)

6 Nm (0.6 m·kg, 4.3 ft·lb)

3 Nm (0.3 m·kg, 2.2 ft·lb)

Vergaser ab Bj. '86

1 Verbindungsarm
2 Düsennadelsatz
3 Drosselventil
4 Schubbetrieb-Anreicherung
5 Nadelventilsatz
6 Hauptzerstäuber
7 O-Ring
8 Hauptdüse
9 Leerlaufdüse

10 Leerlaufschraubensatz
11 Drosselanschlagschraubensatz
12 Schwimmer
13 Starterplungerkolbensatz
14 Ablassschraube
15 Hauptdüse
16 Hauptzerstäuber
17 Drosselventil
18 Düsennadelsatz

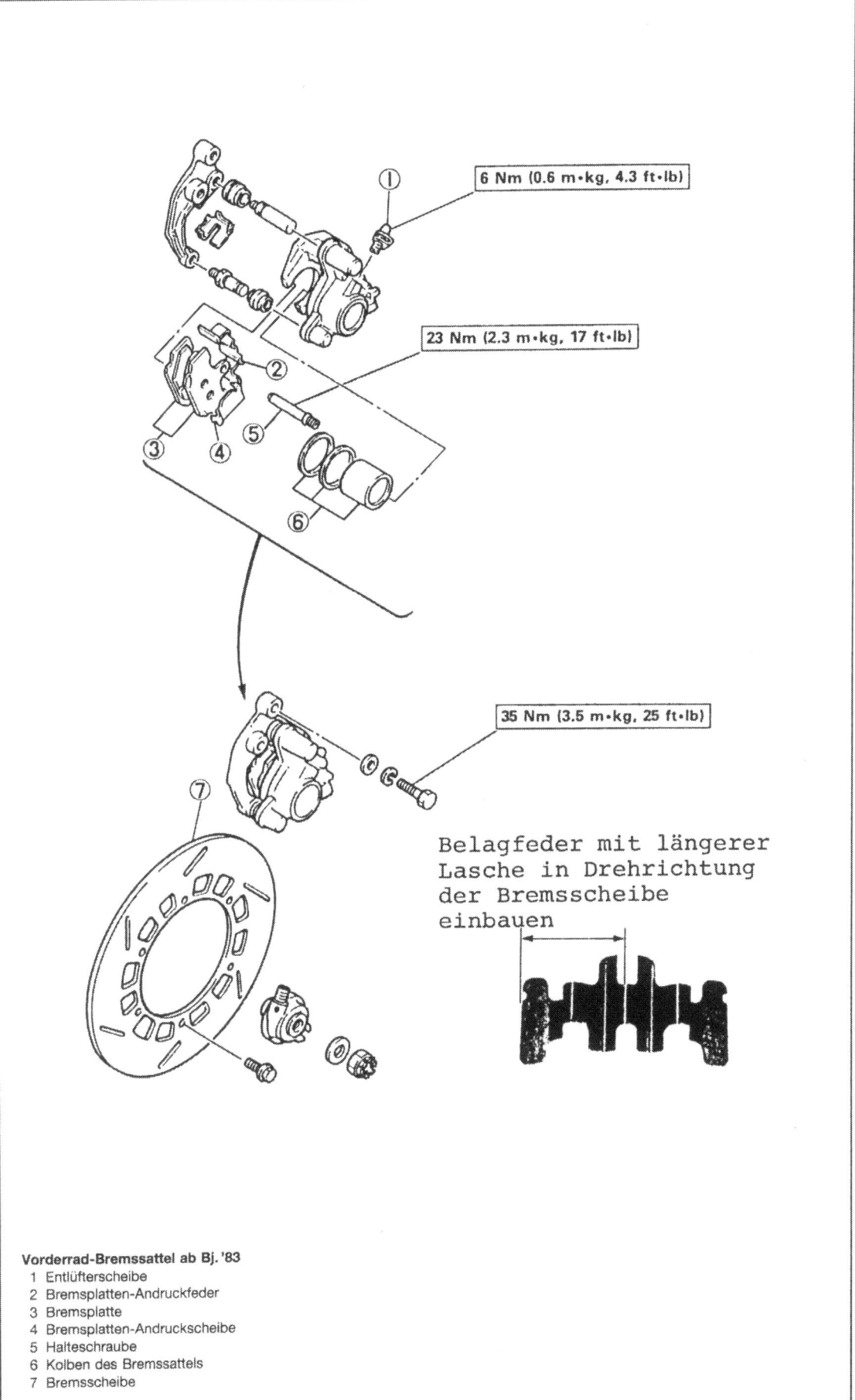

6 Nm (0.6 m·kg, 4.3 ft·lb)

23 Nm (2.3 m·kg, 17 ft·lb)

35 Nm (3.5 m·kg, 25 ft·lb)

Belagfeder mit längerer
Lasche in Drehrichtung
der Bremsscheibe
einbauen

Vorderrad-Bremssattel ab Bj. '83

1 Entlüfterscheibe
2 Bremsplatten-Andruckfeder
3 Bremsplatte
4 Bremsplatten-Andruckscheibe
5 Halteschraube
6 Kolben des Bremssattels
7 Bremsscheibe

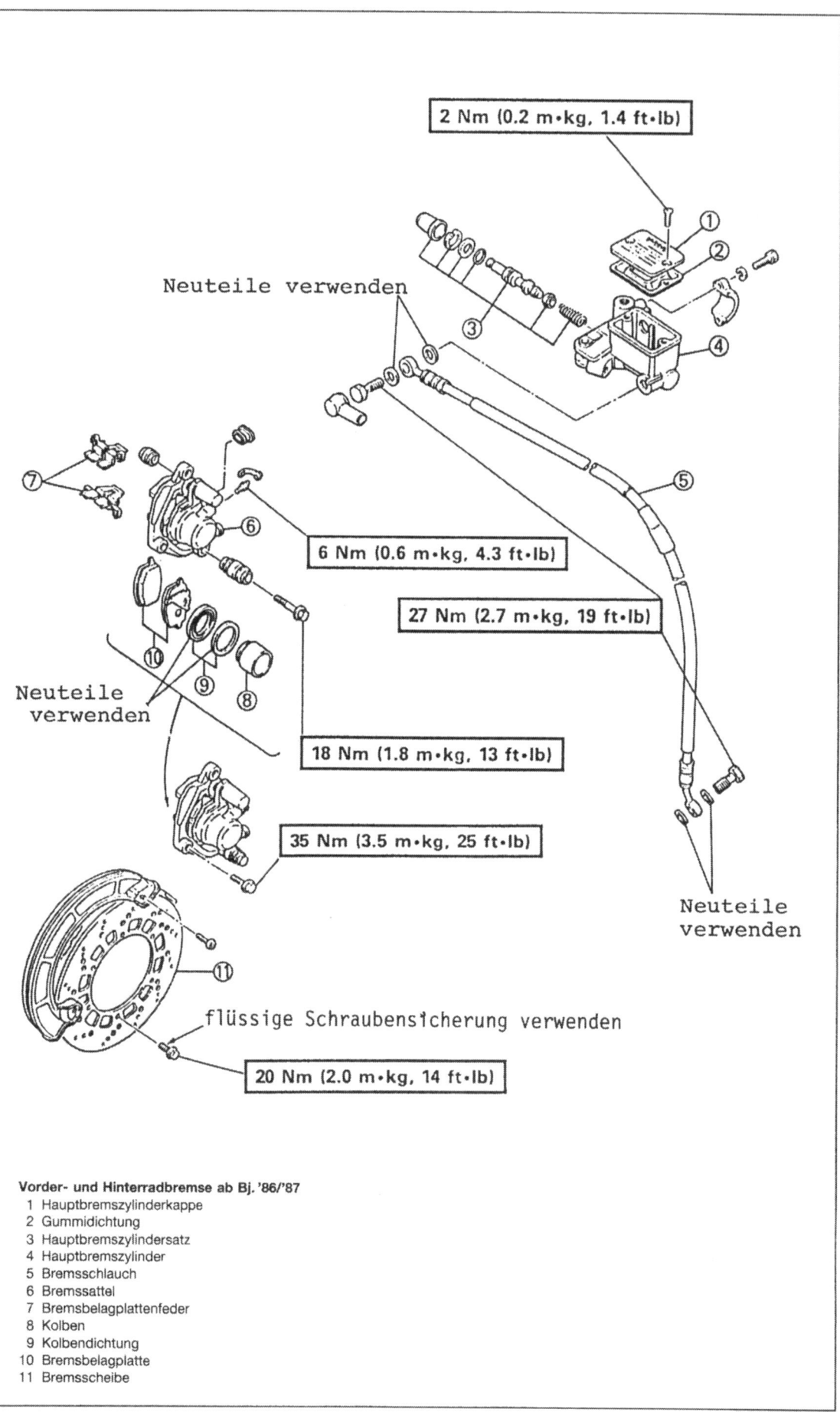

2 Nm (0.2 m·kg, 1.4 ft·lb)

Neuteile verwenden

6 Nm (0.6 m·kg, 4.3 ft·lb)

27 Nm (2.7 m·kg, 19 ft·lb)

Neuteile
verwenden

18 Nm (1.8 m·kg, 13 ft·lb)

35 Nm (3.5 m·kg, 25 ft·lb)

Neuteile
verwenden

flüssige Schraubensicherung verwenden

20 Nm (2.0 m·kg, 14 ft·lb)

Vorder- und Hinterradbremse ab Bj. '86/'87

1 Hauptbremszylinderkappe
2 Gummidichtung
3 Hauptbremszylindersatz
4 Hauptbremszylinder
5 Bremsschlauch
6 Bremssattel
7 Bremsbelagplattenfeder
8 Kolben
9 Kolbendichtung
10 Bremsbelagplatte
11 Bremsscheibe

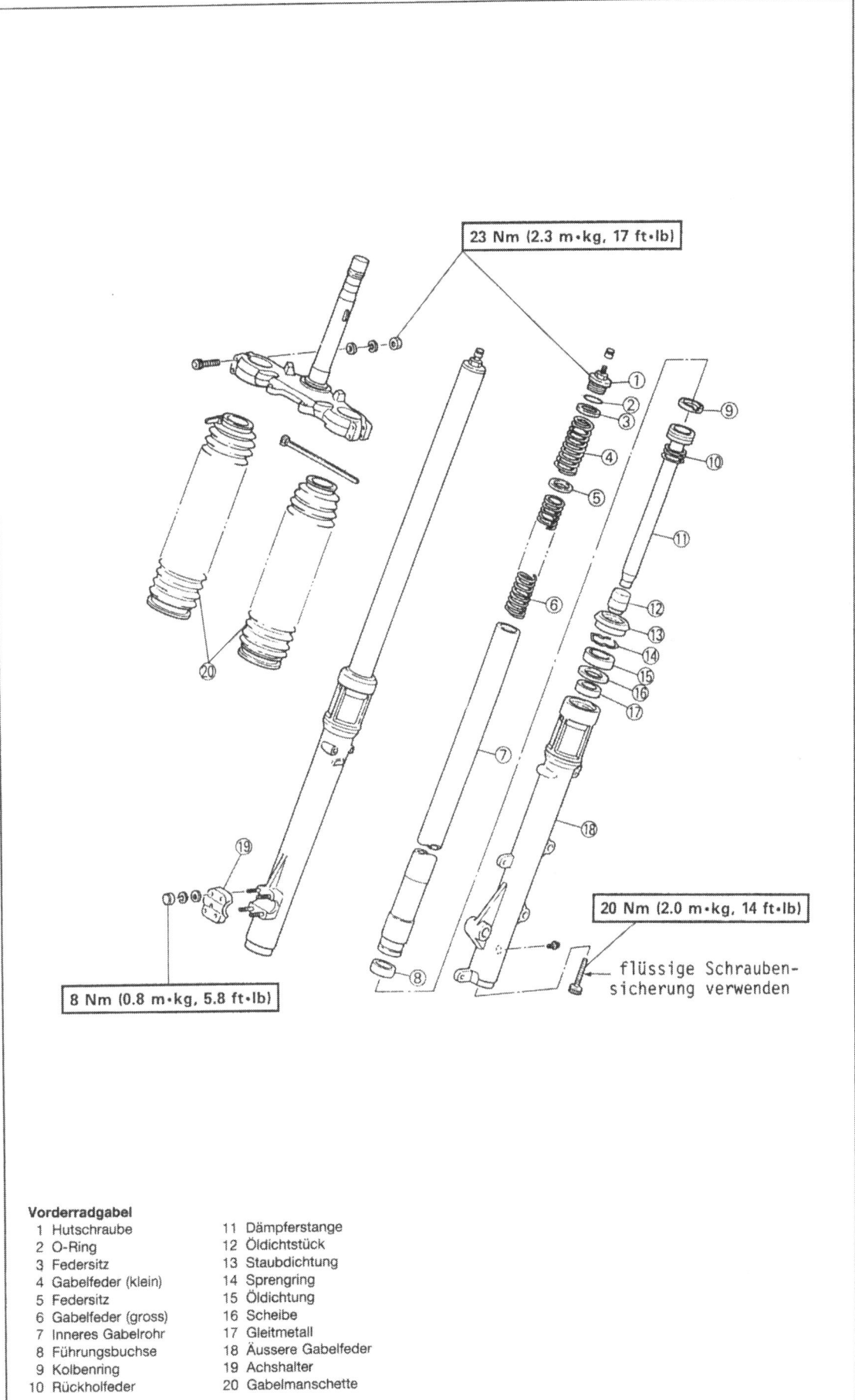

23 Nm (2.3 m·kg, 17 ft·lb)

① ② ③ ④ ⑤ ⑥ ⑦ ⑧ ⑨ ⑩ ⑪ ⑫ ⑬ ⑭ ⑮ ⑯ ⑰ ⑱ ⑲ ⑳

20 Nm (2.0 m·kg, 14 ft·lb)

flüssige Schrauben-
sicherung verwenden

8 Nm (0.8 m·kg, 5.8 ft·lb)

Vorderradgabel

1 Hutschraube
2 O-Ring
3 Federsitz
4 Gabelfeder (klein)
5 Federsitz
6 Gabelfeder (gross)
7 Inneres Gabelrohr
8 Führungsbuchse
9 Kolbenring
10 Rückholfeder

11 Dämpferstange
12 Öldichtstück
13 Staubdichtung
14 Sprengring
15 Öldichtung
16 Scheibe
17 Gleitmetall
18 Äussere Gabelfeder
19 Achshalter
20 Gabelmanschette

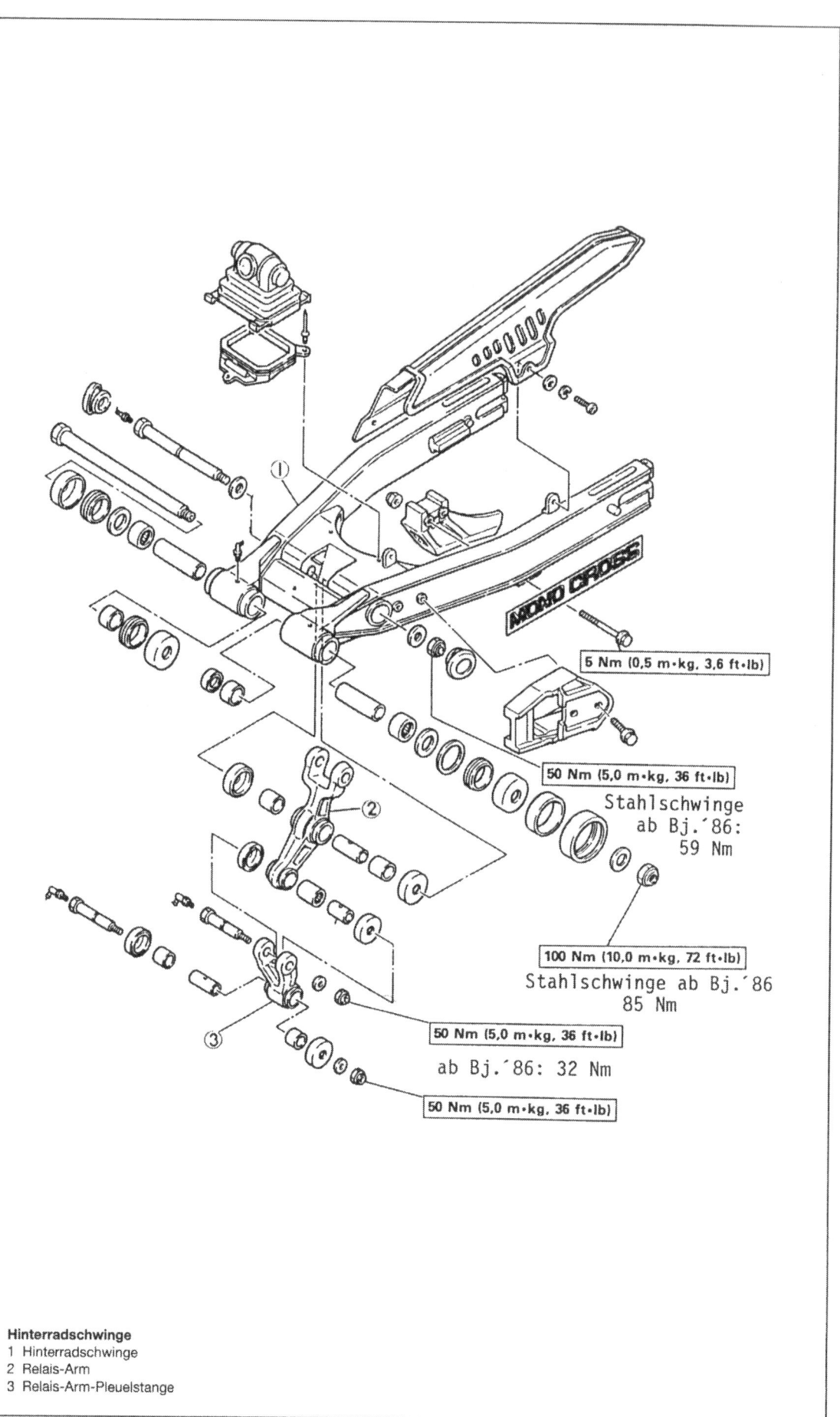

5 Nm (0,5 m·kg, 3,6 ft·lb)

50 Nm (5,0 m·kg, 36 ft·lb)

Stahlschwinge
ab Bj.´86:
59 Nm

100 Nm (10,0 m·kg, 72 ft·lb)

Stahlschwinge ab Bj.´86
85 Nm

50 Nm (5,0 m·kg, 36 ft·lb)

ab Bj.´86: 32 Nm

50 Nm (5,0 m·kg, 36 ft·lb)

Hinterradschwinge
1 Hinterradschwinge
2 Relais-Arm
3 Relais-Arm-Pleuelstange

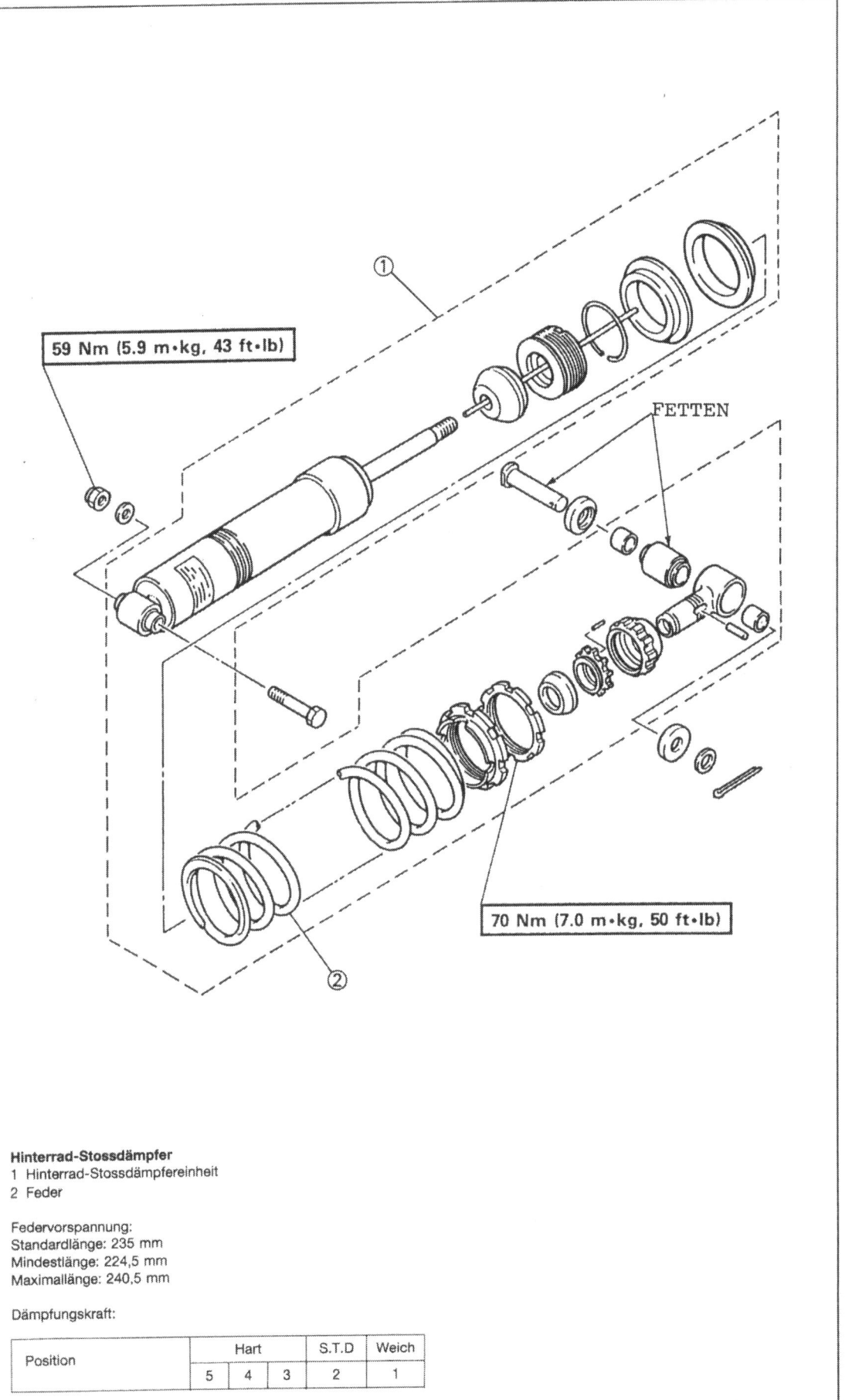

59 Nm (5.9 m·kg, 43 ft·lb)

FETTEN

70 Nm (7.0 m·kg, 50 ft·lb)

Hinterrad-Stossdämpfer
1 Hinterrad-Stossdämpfereinheit
2 Feder

Federvorspannung:
Standardlänge: 235 mm
Mindestlänge: 224,5 mm
Maximallänge: 240,5 mm

Dämpfungskraft:

Position	Hart			S.T.D	Weich
	5	4	3	2	1

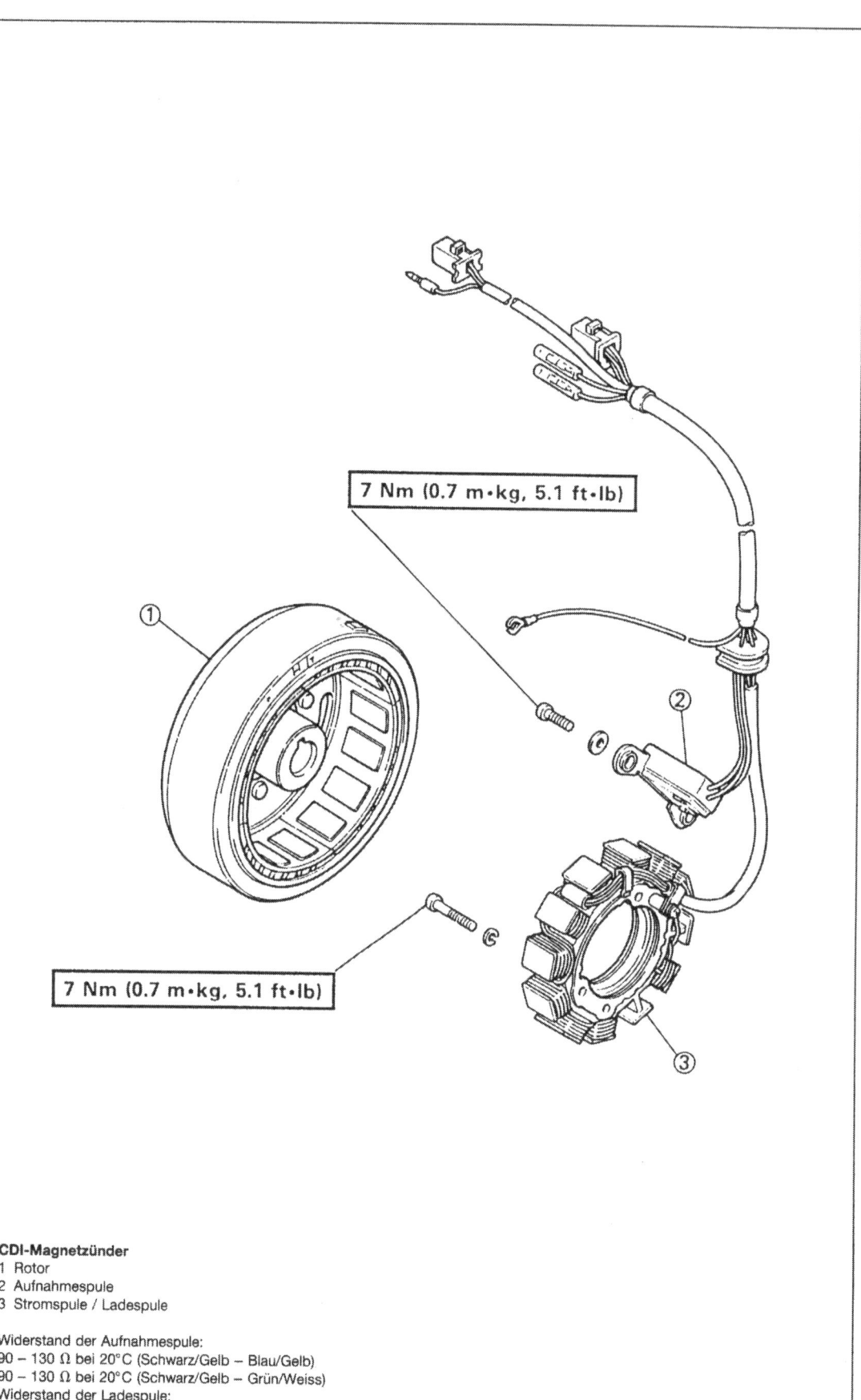

7 Nm (0.7 m·kg, 5.1 ft·lb)

7 Nm (0.7 m·kg, 5.1 ft·lb)

CDI-Magnetzünder
1 Rotor
2 Aufnahmespule
3 Stromspule / Ladespule

Widerstand der Aufnahmespule:
90 – 130 Ω bei 20°C (Schwarz/Gelb – Blau/Gelb)
90 – 130 Ω bei 20°C (Schwarz/Gelb – Grün/Weiss)
Widerstand der Ladespule:
0,2 – 0,6 Ω bei 20°C (Weiss/Gelb – Weiss/Gelb)
Widerstand der Stromspule:
160 – 240 Ω bei 20°C (Braun – Rot)

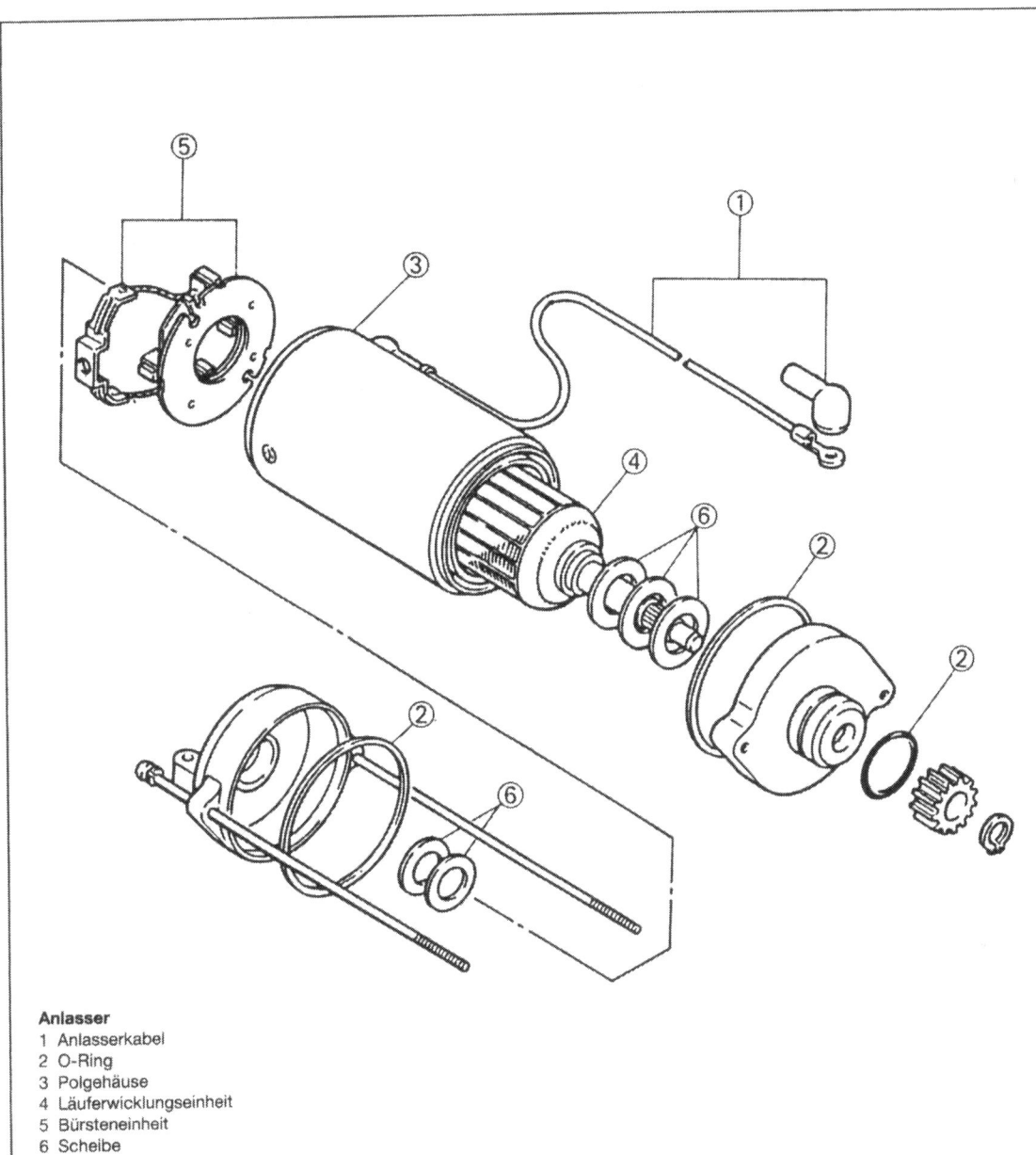

Anlasser
1 Anlasserkabel
2 O-Ring
3 Polgehäuse
4 Läuferwicklungseinheit
5 Bürsteneinheit
6 Scheibe

MASS- und EINSTELL- DATEN

9 Wartungsdaten

A. Motor

Zylinderkopf:
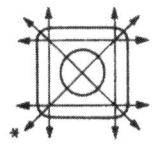

- Volumen   68,0 – 69,4 cm³
- Verzugsgrenze   0,03 mm

* Linien zeigen Messungen mit Haarlineal an

Zylinder:
- Bohrungsdurchmesser $95^{+0,02}_{-0,03}$ mm
- Max. zul. Konizität   0,05 mm
- Max. zul. Unrundheit   0,01 mm

Nockenwelle:
- Antrieb   Kettentrieb (links)
- Innendurchmesser
  der Nockenwellen-Lagerdeckel $23^{+0,021}_{0}$ mm
- Aussendurchmesser
  der Nockenwellen-Lagerzapfen $23^{-0,020}_{-0,033}$ mm
- Spiel zwischen Lagerzapfen
  und Lagerdeckel   0,020 – 0,054 mm
- Nockenabmessungen

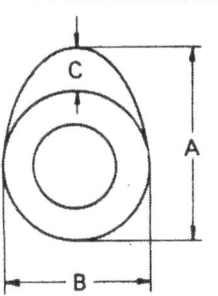

Einlass	«A»	36,52 – 36,62 mm
	Grenze	36,42 mm
	«B»	30,01 – 30,11 mm
	Grenze	28,91 mm
	«C»	6,51 mm
Auslass	«A»	36,70 – 36,80 mm
	Grenze	36,60 mm
	«B»	30,07 – 30,17 mm
	Grenze	28,97 mm
	«C»	6,63 mm

- Max. zul. Schlag der Nockenwelle   0,03 mm

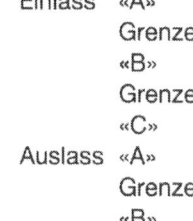

- Steuerketten-Typ / Gliederzahl   75-010 / 126
- Steuerketteneinstellung   Automatisch

Kipphebel / Kipphebelwelle:
- Lagerinnendurchmesser / Grenze $12^{+0,018}_{0}$ mm / 12,05 mm
- Wellenaussendurchmesser / Grenze $12^{-0,009}_{-0,024}$ mm / 11,95 mm
- Spiel Kipphebel Welle   0,009 – 0,042 mm

Ventile, Ventilsitze, Ventilführungen:
- Ventilspiel (kalter Zustand) Einlass   0,07 – 0,12 mm
- Ventilspiel (kalter Zustand) Auslass   0,12 – 0,17 mm
- Ventil-Abmessungen

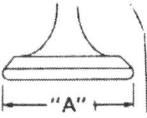
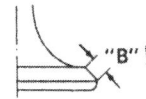
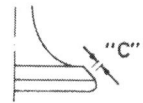
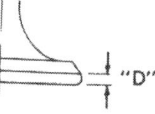

- Ventilteller-Durchmesser «A» Einlass $36,0 \pm 0,1$ mm
- Ventilteller-Durchmesser «A» Auslass $31,0 \pm 0,1$ mm
- Ventilteller-Breite «B» Einlass $2,26$ mm
- Ventilteller-Breite «B» Auslass $2,26$ mm
- Ventilsitz-Breite «C» Einlass $1,1 \pm 0,1$ mm
- Ventilsitz-Breite «C» Auslass $1,1 \pm 0,1$ mm
- Ventilteller-Stärke «D» Einlass $1,2 \pm 0,2$ mm
- Ventilteller-Stärke «D» Auslass $1,0 \pm 0,2$ mm
- Ventilschaft-Aussendurchmesser Einlass $7^{-0,010}_{-0,025}$ mm
- Ventilschaft-Aussendurchmesser Auslass $7^{-0,030}_{-0,045}$ mm
- Ventilführungs-Innendurchmesser Einlass $7^{+0,012}_{0}$ mm
- Ventilführungs-Innendurchmesser Auslass $7^{+0,012}_{0}$ mm
- Spiel zwischen Ventilschaft Einlass $0,010 - 0,037$ mm
- Spiel zwischen Ventilschaft Auslass $0,030 - 0,057$ mm
- Max. zul. Ventilschaftschlag $0,01$ mm
- Ventilsitzbreite (Standard) $1,1$ mm

Ventilfeder:
- Ungespannte Länge
  Innere Feder Einlass $40,1$ mm
  Innere Feder Auslass $40,1$ mm
  Äussere Feder Einlass $43,8$ mm
  Äussere Feder Auslass $43,8$ mm
- Federkonstante
  Innere Feder Einlass K_1: $0,911$ kg/mm
      K_2: $1,180$ kg/mm
  Innere Feder Auslass K_1: $0,911$ kg/mm
      K_2: $1,180$ kg/mm
  Äussere Feder Einlass K_1: $1,76$ kg/mm
      K_2: $2,35$ kg/mm
  Äussere Feder Auslass K_1: $1,76$ kg/mm
      K_2: $2,35$ kg/mm
- Eingebaute Federlänge (Ventil geschlossen)
  Innere Feder Einlass $22,7$ mm
  Innere Feder Auslass $22,7$ mm
  Äussere Feder Einlass $34,2$ mm
  Äussere Feder Auslass $34,2$ mm
- Federkraft im eingebauten Zustand
  (Ventil geschlossen)
  Innere Feder Einlass $16,8 - 19,4$ kg
  Innere Feder Auslass $16,8 - 19,4$ kg
  Äussere Feder Einlass $7,3 - 8,9$ kg
  Äussere Feder Auslass $15,2 - 18,6$ kg
- Max. zul. Neigung
  Innere Feder Ein- und Auslass $2,5°/1,7$ mm
  Äussere Feder Ein- und Auslass $2,5°/1,7$ mm
- Windungsrichtung (Draufsicht)   Einlass   Auslass

Kolben:
- Kolbendurchmesser / Messpunkt (A) $95,0$ mm / $6,0$ mm
  (von Unterseite Kolbenmantel)

– Spiel zwischen Kolben und Zylinder	0,045 – 0,065 mm
Verschleissgrenze	0,1 mm
– 1. Übergrösse	–
– 2. Übergrösse	95,50 mm
– 3. Übergrösse	–
– 4. Übergrösse	96,00 mm
– Versatz der Kolbenbolzenbohrung	1,5 mm Innenseite

Kolbenringe:
– Querschnitt

Oberster Kolbenring   B = 1,2 mm
                                         T = 3,8 mm

Zweiter Kolbenring   B = 1,2 mm
                                         T = 3,8 mm

Ölabstreifring   B = 2,5 mm
                                         T = 3,4 mm

– Endspalt (eingebaut) Verschleissgrenze	
Oberster Kolbenring	0,30 – 0,45 mm
Zweiter Kolbenring	0,30 – 0,45 mm
Ölabstreifring	0,20 – 0,70 mm
– Seitliches Spiel Verschleissgrenze	
Oberster Kolbenring	0,04 – 0,08 mm
Zweiter Kolbenring	0,03 – 0,07 mm
Ölabstreifring	0,02 – 0,06 mm
– Plattierung oder Anstrich	
Oberster Kolbenring	Chrom-Plattierung, Ferox-Anstrich
Zweiter Kolbenring	Parker-Ring
Ölabstreifring	Chrom-Plattierung

Kurbelwelle:

– Abstand zwischen Kurbelwangen «A»	A = 74,95 – 75,00 mm
– Max. zul. Schlag «C»	0,03 mm
– Seitliches Spiel am Pleuelfuss «D»	0,25 – 0,75 mm
– Ausweichung des Pleuelauges «F»	0,8 mm

Ausgleichswelle:

– Antrieb der Ausgleichswelle	Zahnräder

Kupplung:

– Reibscheibenstärke / Stückzahl	#1 2,80 ± 0,08 mm / 6
	#2 3,00 ± 0,10 mm / 2
– Verschleissgrenze	#1 2,60 mm
	#2 2,80 mm
– Kupplungsscheibenstärke / Stückzahl	1,2 mm / 7
– Max. zul. Verzug	0,2 mm
– Ungespannte Länge	
der Kupplungsfeder / Stückzahl	34,6 mm / 5
– Grenze	32,6 mm
– Zahnflankenspiel-Kennzahl	
für Primäruntersetzungsgetriebe	7 – 71
– Kupplungs-Betätigung	Innere Schubstange, Nocke

Getriebe:

– Max. zul. Schlag der Hauptwelle	0,08 mm

Schaltung:

– Bauart	Schalttrommel und Führungsstange

Kickstarter:

– Bauart	Sperrklinke

Dekompressionseinrichtung:
- Bauart   Synchronisiert mit Kickstarter
- Seilzugsspiel   0,5 mm
Luftfilter:
- Öl   Motoröl SAE 10 W 30 SE
Schmiersystem:
- Ölfilter   Papier, Drahtgeflecht
- Ölpumpe   Trochoide-Pumpe
- Äusseres Rotor-Spiel / Grenze   0,03 – 0,09 mm / 0,12 mm
- Seitliches Rotor-Spiel   0,03 – 0,8 mm
- Umgehungsventil-Einstelldruck   98 ± 20 kPa
- Überdruckventil-Betriebsdruck   98 ± 20 kPa

Allgemeine technische Daten

XT 600 Z TENERE ab Bj. '83 / XT 600 ab Bj. '84

Abmessungen:
- Gesamtlänge   2215 mm
- Gesamtbreite   880 mm
- Gesamthöhe   1230 mm
- Sitzhöhe   890 mm
- Radstand   1430 mm (G): 1445 mm
- Mindestbodenabstand   265 mm (G): 270 mm
Gewicht:
- Fahrfertig mit vollem Tank   163 kg / (G): 162 kg / 149 kg
Kleinster Wendekreishalbmesser   2200 mm / (G): 2300 mm
Motor:
- Bauart   Luftgekühlter Viertakt, SOHC
- Zylinder-Anordnung   Einzylinder
- Hubraum   595 cm³
- Bohrung × Hub   95,0 × 84,0 mm
- Verdichtungsverhältnis   8,5 : 1
- Verdichtungsdruck   10 bar
- Anlasser   Kickstarter
Schmiersystem   Trockenschmierung
Motoröl – Typ und Qualität   Motoröl SAE 20 W 40 SE
Motoröl-Einfüllmenge:
- Periodischerr Ölwechsel   1,9 Liter
- Austausch des Ölfilters   2,0 Liter
- Gesamtmenge   2,4 Liter
- Öltank   1,7 Liter
Luftfilter   Nasses Element
Kraftstoff:
- Typ   Normal / niedergebleites Benzin
- Kraftstofftank – Fassungsvermögen   28 Liter / 11,5 Liter
- Reserve   2 Liter
Vergaser:
- Typ   Y 27 PV
- Hersteller   TEIKEI
Zündkerze:
- Typ   DR 7 ES   DPR 7 EA-9 oder DPR 8 EA-9
- Hersteller   NGK   NGK
- Elektrodenabstand   0,6 – 0,7 mm   0,8 – 0,9 mm
Kupplung   Mehrscheiben-Nasskupplung
Getriebe:
- Primäruntersetzungssystem   Stirnräder

MASS-
und
EINSTELL-
DATEN

– Primäruntersetzungsverhältnis	74/31
– Sekundäruntersetzungssystem	Kette
– Sekundäruntersetzungsverhältnis	39/15
– Getriebe-Bauart	Fünfgang-Synchrongetriebe
– Betätigung	Linker Fuss
– Untersetzungsverhältnisse:	
1. Gang	31/12
2. Gang	27/17
3. Gang	24/20
4. Gang	21/22
5. Gang	21/27
Fahrgestell:	
– Rahmenbauart	Stahlrohr-Rautenrahmen
– Nachlaufwinkel	27,7°
– Nachlaufbetrag	111 mm
Reifen:	
– Bauart	Mit Schlauch
– Reifengrösse (vorne)	3,00 S 21-4 PR
– Reifengrösse (hinten)	4,60 S 18-4 PR (G): 4,00-18-4 PR
– Hersteller	Bridgestone
Reifendruck: Siehe Seite 106	
Bremsen:	
– Vorderradbremse	Hydraulische Einzel-Scheibenbremse
– Betätigung	Rechte Hand
– Hinterradbremse	Trommelbremse
– Betätigung	Rechter Fuss
Radaufhängung:	
– Vorderradaufhängung	Teleskopgabel (pneumatisch/mechanisch)
– Hinterradaufhängung	Schwinge (Monocross-Radaufhängung)
Stossdämpfer:	
– Vorderrad-Stossdämpfer	Öldämpfung, Luft- und Schraubenfeder
– Hinterrad-Stossdämpfer	Öldämpfung, Gas- und Schraubenfeder
Hub der Radaufhängung:	
– Hub der Vorderradaufhängung	255 mm
– Hub der Hinterradaufhängung	235 mm
Elektrische Anlage:	
– Zündanlage	CDI
– Lichtmaschine	Wechselstrom-Lichtmaschine
– Batterie-Typ	12N5-3B
– Batterie-Kapazität	12 V 5 AH
Scheinwerfer	Glühbirnen-Typ (Halogen)
Wattzahl × St.:	
– Scheinwerfer	60 W / 55 W×1
– Blinkleuchten	21 W×4
– Schluss-Bremsleuchte	5,3 W / 21 W×1
– Instrumentenbeleuchtung	3,4 W×2
– Nummernschildbeleuchtung	4 W×1 (E): 3,4 W×1
Kontrollampen-Wattzahl×St.:	
– Leerlauf-Kontrolllampe (Neutral)	3,4 W×1
– Fernlicht-Kontrolllampe (High Beam)	3,4 W×1
– Blinkleuchten-Kontrolllampe (Turn)	3,4 W×1

XT 600 Z TENERE ab Bj. '86 / XT 600 ab Bj. '87 / TENERE ab Bj. '88

Abmessungen:	
– Gesamtlänge	2285 mm

– Gesamtbreite	890 mm
– Gesamthöhe	1260 mm
– Sitzhöhe	890 mm
– Radstand	1450 mm
– Mindestbodenfreiheit	265 mm
Grundgewicht:	
– Mit Öl- und Kraftstoffstand	175 kg / 153 kg / 185 kg
Kleinster Wendekreishalbmesser	2300 mm / 2200 mm / 2300 mm
Motor:	
– Bauart	Luftgekühlter Viertakt, SOHC
– Zylinder-Anordnung	Einzylinder
– Hubraum	595 cm³
– Bohrung×Hub	95,0×84,0 mm
– Verdichtungsverhältnis	8,5:1
– Verdichtungsdruck	11 bar
– Anlasser	Elektrischer Anlasser und Kickstarter / Kickstarter / E-Starter
	Trockenschmierung
Schmiersystem	
Ölsorte und Qualität:	
– Motoröl	Motoröl SAE 20 W 40 SE
Ölmenge:	
– Motoröl	
Regelmässiger Ölwechsel	1,9 Liter
Mit Ölfilterwechsel	2,0 Liter
Gesamtölmenge	2,4 Liter
Luftfilter	Nasselement
Kraftstoff:	
– Kraftstoffsorte	Normal / niedergebleites Benzin
– Kraftstofftank	23,0 Liter / 13 Liter
– Reserve	3,2 Liter
Vergaser:	
– Bauart / Anzahl	Y 27 PV / 1 Stück
– Hersteller	TEIKEI
Zündkerze:	
– Bauart / Elektrodenabstand	DR 7 ES / 0,6 – 0,7 mm
	DPR 7 EA-9 / 0,8 – 0,9 mm
	DPR 8 EA-9 / 0,8 – 0,9 mm
– Hersteller	N.G.K
Kupplung:	
– Bauart	Mehrscheiben-Nasskupplung
Getriebe:	
– Bauart	Synchrongetriebe 5-Gang
– Bedienungssystem	Linke Fussbedienung
– Primäruntersetzungssystem	Stirnzahnrad
– Primäruntersetzungsverhältnis	74/31
– Sekundäruntersetzungssystem	Kettenantrieb
– Sekundäruntersetzungsverhältnis	39/15 2 KF
	40/15 TENERE und 2 NF
– Untersetzungsverhältnisse:	
1. Gang	31/12
2. Gang	27/17
3. Gang	24/20
4. Gang	21/22
5. Gang	19/24 TENERE 21/27
Fahrgestell:	
– Rahmenbauart	Rautenrahmen
– Nachlauf	27,25°
	27,12° (für Hinterreifen «4,00 S 18-4 PR»
	verwendet nur in der Bundesrepublik Deutschland)

– Nachlaufbetrag	109 mm	
	107 mm (für Hinterreifen «4,00 S 18-4 PR» verwendet nur in der Bundesrepublik Deutschland)	
Reifen:	Ausgenommen für Deutschland	Für Deutschland
– Bauart	Mit Schlauch	Mit Schlauch
– Grösse Vorderrad	3,00 S 21-4 PR	3,00 S 21-4 PR
– Grösse Hinterrad	4,60 S 18-4 PR	4,00 S 18-4 PR
		4,60 S 18-4 PR
– Hersteller Vorderrad	Bridgestone (TW 25)	Bridgestone (TW 25)
	Dunlop (K 850 A)	Dunlop (K 850 A)
– Hersteller Hinterrad	Bridgestone (TW 26)	Bridgestone (TW 26)
	Dunlop (K 850 A)	Dunlop (K 850 A)

Reifendruck (kalter Zustand):

– Max. zul. Last*	313 kg / 202 kg	
– Kalter Zustand	Vorne	Hinten
Bis zu 90 kg Last*	150 kPa	150 kPa
90 kg – Max. zul. Last	150 kPa	180 kPa
Geländefahrt	100 kPa	100 kPa
Hochgeschwindigkeitsfahrt	150 kPa	150 kPa

* Die Last ist das Gesamtgewicht der Zuladung, des Fahrers, des Sozius und des Zubehörs

Bremsen:	
– Vorderradbremse	Einfach, Scheibenbremse
– Hinterradbremse	Trommelbremse / ab Bj. '87 Scheibenbremse
Radaufhängung:	
– Vorderradaufhängung	Teleskopgabel
– Hinterradaufhängung	Schwinge (Neue Monocross-Radaufhängung)
Stossdämpfer:	
– Vorderrad-Stossdämpfer	Luft- und Öldämpfer, Schraubenfeder
– Hinterrad-Stossdämpfer	Gas- und Öldämpfer, Schraubenfeder
Hub der Radaufhängung:	
– Hub der Vorderradaufhängung	255 mm
– Hub der Hinterradaufhängung	235 mm
Elektrische Anlage:	
– Zündanlage	CDI
– Lichtmaschine	Schwungradmagnetzünder
– Batterie-Typ	GM 12 AZ / GM 4 A-3 B oder FB 4 L-B
– Batterie-Kapazität	12 V, 12 AH, 12 V, 4 AH
Scheinwerfer	Quarz-Birne
Glühbirnen-Leistung×Anzahl:	
– Scheinwerfer	12 V, 60 W / 55 W×1
– Schluss-Bremslicht	12 V, 5 W / 21 W×2
– Blinklicht	12 V, 21 W×4
– Zusatzleuchte	12 V 4 W, 12 V 3,4 W (E)×1
– Instrumentenbeleuchtung	12 V 3,4 W×2
Kontrollampe Leistung×Anzahl:	
– «Neutral»	3,4 W×1
– «High Beam»	3,4 W×1
– «Turn»	3,4 W×1

B. Fahrgestell

Modell	XT 600 Z (U) TENERE ab Bj. '88
Lenkersystem:	
– Lagerbauart	Kegelrollenlager
Vorderradaufhängung:	
– Hub der Vorderradgabel	255 mm

- Ungespannte Länge der Gabelfeder
  Mindest ungespannte Länge
- Federkonstante / Hub (K1)
- Federkonstante / Hub (K2)
- Ölmenge
- Ölstand

603 mm
593 mm
2,25 N/mm / 0 – 76,0 mm
4,6 N/mm / 76,0 – 255 mm
517 cm^3
120 mm
(von Oberkante des ohne Feder zusammengedrückten
inneren Gabelbeinrohres)

- Ölsorte   Gabelöl 10 W oder gleichwertig
Umschlossener Luftdruck:
- Standard   0 kPa
- Mindest – Maximal   0 – 100 kPa

Modell   XT 600 ab Bj. '87
Lenkersystem:
- Lagerbauart   Kegelrollenlager
Vorderradaufhängung:
- Hub der Vorderradgabel   255 mm
- Ungespannte Länge der Gabelfeder   414,5 mm
  Mindest ungespannte Länge   410,0 mm
- Federkonstante / Hub (K1)   4,6 N/mm / 0,0 – 255,0 mm
- Ölmenge   537 cm^3
- Ölstand   140 mm
                                                  (von Oberkante des ohne Feder zusammengedrückten
                                                  inneren Gabelbeinrohres)
- Ölsorte   Gabelöl 10 W oder gleichwertig
Umschlossener Luftdruck:
- Standard   0 kPa
- Mindest – Maximal   0 – 100 kPa

Modell   XT 600 ab Bj. '84
Lenkersystem:
- Lagerbauart   Kegelrollenlager
Vorderradaufhängung:
- Hub der Vorderradgabel   255 mm
- Ungespannte Länge der Gabelfeder   465,5 mm / 460,5 mm
- Federkonstante / Hub (K1)   2,1 N/mm / 0 – 170 mm
- Federkonstante / Hub (K2)   4,1 N/mm / 170 – 255 mm
- Ölmenge   483 ± 2,5 cm^3
- Ölstand   147 mm
                                                  (von Oberkante des ohne Feder zusammengedrückten
                                                  inneren Gabelbeinrohres)
- Ölsorte   Motoröl SAE 10 W 30 SE
Umschlossener Luftdruck   39 kPa

Modell   XT 600 Z TENERE ab Bj. '83
Lenkersystem:
- Lagerbauart   Kegelrollenlager
Vorderradaufhängung:
- Hub der Vorderradgabel   255 mm
- Ungespannte Länge der Gabelfeder l_1: 134,4 mm / 133,4 mm
  Mindest ungespannte Länge l_2: 438,9 mm / 434,9 mm
- Federkonstante / Hub (K1)   2,1 N/mm / 0 – 155 mm
- Federkonstante / Hub (K2)   4,1 N/mm / 155 – 255 mm
- Ölmenge   487 ± 2,5 cm^3
- Ölstand   145 mm
                                                  (von Oberkante des ohne Feder zusammengedrückten
                                                  inneren Gabelbeinrohres)
- Ölsorte   Motoröl SAE 10 W 30 SE

Umschlossener Luftdruck	59 kPa

Gilt für sämtliche Typen

Hinterrad:
- Bauart   Speichenrad
- Felgengrösse   MT 2,50×18
- Felgen-Baustoff   Aluminium
- Felgen-Schlaggrenzen:
  Senkrecht   2,0 mm
  Seitlich   2,0 mm

Antriebskette:
- Bauart / Hersteller   DID 520 V 6 / DAIDO
- Anzahl der Kettenglieder   104 (XT 600 102)
- Kettendurchhang   30 – 40 mm

Vorderrad-Scheibenbremse:
- Bauart   Einfach
- Aussendurchmesser   267 mm
- Scheibendicke   4,0 mm
- Dicke der Bremsbelagplatten   6,8 mm
- Verschleissgrenze   0,8 mm
- Hauptbremszylinder-Innendurchmesser   12,7 mm
- Bremssattelzylinder-Innendurchmesser   38,1 mm
- Bremsflüssigkeitssorte   DOT Nr. 4 oder DOT Nr. 3

Hinterrad-Scheibenbremse:
- Bauart   Einfach
- Aussendurchmesser   220 mm
- Scheibendicke   5,0 mm
- Dicke der Bremsbelagplatten   6,0 mm
- Verschleissgrenze   0,8 mm
- Hauptbremszylinder-Innendurchmesser   12,7 mm
- Bremssattelzylinder-Innendurchmesser   34,9 mm
- Bremsflüssigkeitssorte   DOT Nr. 4 oder DOT Nr. 3

Trommelbremse:
- Typ Hintere   Simplex-Bremsen
- Durchmesser der Bremstrommel:
  Verschleissgrenze   151 mm
- Bremsbelagdicke Hintere   4 mm
- Bremsbelagdicke Grenze   2 mm
- Ungespannte Länge der Bremsbackenfeder 58,0 mm

Bremshebel und Bremspedal:
- Spiel am Bremshebel   2,0 – 5,0 mm; am Bremshebelende
- Position des Bremspedals   5,0 – 10,0 mm; unter Fussrasten-Oberkante

Kupplungshebel und Gasdrehgriff:
- Spiel des Kupplungshebels   2,0 – 3,0 mm; am Kupplungsdrehzapfen
- Spiel des Gasseiles   2,0 – 5,0 mm; am Drehgriffflansch

Hinterradaufhängung:
- Hub des Stossdämpfers   74 mm
- Ungespannte Federlänge   244,5 mm
- Einbaulänge   235 mm
- Federkonstante / Hub   90 N/mm / 0 – 65,0 mm
- Zusätzliche Feder   Nein
- Umschlossener Gasdruck   1500 kPA

Hinterradschwinge:
- Grenze des Spiels   1,0 mm
                                                        Schwingenende von Seite zu Seite bewegen
- Seitliches Spiel   0,3 mm an den Schwingendrehzapfen

Vorderrad:
- Bauart   Speichenrad
- Felgengrösse   1,60×21
- Felgen-Baustoff   Aluminium
- Felgen-Schlaggrenzen
  Senkrecht   2,0 mm
  Seitlich   2,0 mm

C. Elektrik

Zündkerzenstecker:
- Bauart   Harzausführung
- Widerstand   8 – 12 kΩ bei 20°C

Ladesystem:
- Bauart   Wechselstrom-Schwungmagnetzünder
- Modell / Hersteller   VCD 92 / Nippon Denso
- Ausgangsleitung   14 V 12 A bei 5000 U/min

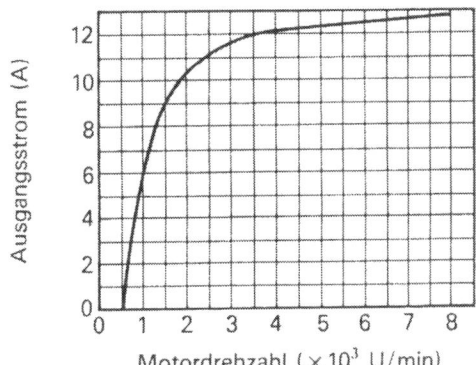

- Widerstand der Ladespule (Farbe)   0,7 – 1,1 Ω bei 20°C
Spannungsregler / Gleichrichter:
- Modell / Hersteller   SH 569 / Shindengen (neue Typen)
- Spannungsregler: SH 222 / Shindengen (ältere Typen)
  Bauart   Halbleiter – Kurzschlusstyp
  Regelspannung ohne Last   14,3 – 15,3
- Gleichrichter:
  Kapazität   25 A
  Höchstspannung   240 V
Batterie:
- Spezifisches Gewicht   1,280
Anlasser:
- Modell / Hersteller   SM 13 / Mitsuba
- Ausgangsleistung   0,8 kW
- Bürsten-Gesamtlänge   12 mm
- Grenze   5 mm
- Bürstenfederdruck   680 – 920 g
- Grenze   520 g
- Kollektor-Durchmesser   28 mm
- Verschleissgrenze   27 mm
- Glimmer-Unterschneidung   0,7 mm
Anlasserschalter:
- Modell / Hersteller   I 26-22011-D 000 Honda Lock
- Nennstromstärke (Ampere)   100 A
Spannung   12 V
Zündanlage:
- Zündzeitpunkt (vor dem oberen Totpunkt)   12° bei 1200 U/min

– Zündzeitverstellung
 (vor dem oberen Totpunkt)   36° bei 6000 U/min
– Zündzeitversteller   Elektrische

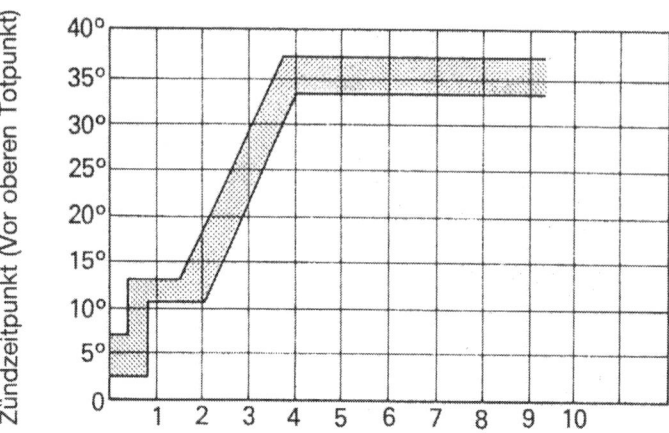

Motor-Drehzahl ($\times 10^3$ U/min)

CDI:
– Magnetzünder-Modell / Hersteller   VCD 92 / Nippon Denso
– Widerstand der Aufnahmespule   92 – 138 Ω bei 20°C
 Farbe   Blau/Gelb – Schwarz/Gelb
      92 – 138 Ω bei 20°C
      Grün/Weiss – Schwarz/Gelb
– Widerstand der Stromspule   112 – 132 Ω bei 20°C
 Farbe   Braun – Rot
– CDI-Einheit Modell / Hersteller   QAB 52 / Nippon Denso
Zündspule:
– Modell / Hersteller   J 0138 / Nippon Denso
– Mindestzündfunkenstrecke   6,0 mm
– Widerstand der Primärspule   0,15 – 0,21 Ω bei 20°C
– Widerstand der Sekundärspule   3,8 – 5,8 kΩ bei 20°C
Signalhorn:
– Bauart   Flache Ausführung
– Anzahl   1 Stück
– Modell / Hersteller   YF-12 / Nikko
– Max. Stromstärke   2,5 A
Blinkerrelais:
– Bauart   Kondensator
– Modell / Hersteller   FZ 249 SD / Nippon Denso
      FJ 245 EF / Nippon Denso (D)
– Blinker-Selbstausschaltvorrichtung   Nein
– Blinkfrequenz   75 – 95 Zyklen/min.
– Leistung   21 W×2+3,4 W
Stromkreis-Unterbrecher:
– Bauart   Sicherung
– Stromstärke der einzelnen Schaltkreise   20 A

10 Elektrische Schaltpläne

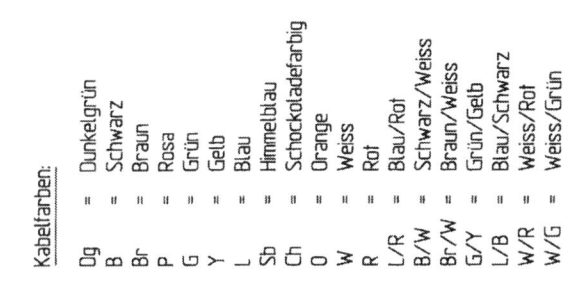

Kabelfarben:

Dg	=	Dunkelgrün
B	=	Schwarz
Br	=	Braun
P	=	Rosa
G	=	Grün
Y	=	Gelb
L	=	Blau
Sb	=	Himmelblau
Ch	=	Schokoladefarbig
O	=	Orange
W	=	Weiss
R	=	Rot
L/R	=	Blau/Rot
B/W	=	Schwarz/Weiss
Br/W	=	Braun/Weiss
G/Y	=	Grün/Gelb
L/B	=	Blau/Schwarz
W/R	=	Weiss/Rot
W/G	=	Weiss/Grün

Schaltplan XT 600 Z TÉNÉRÉ ab Baujahr '83 bis '85 / XT 600 ab Baujahr '84 bis '86

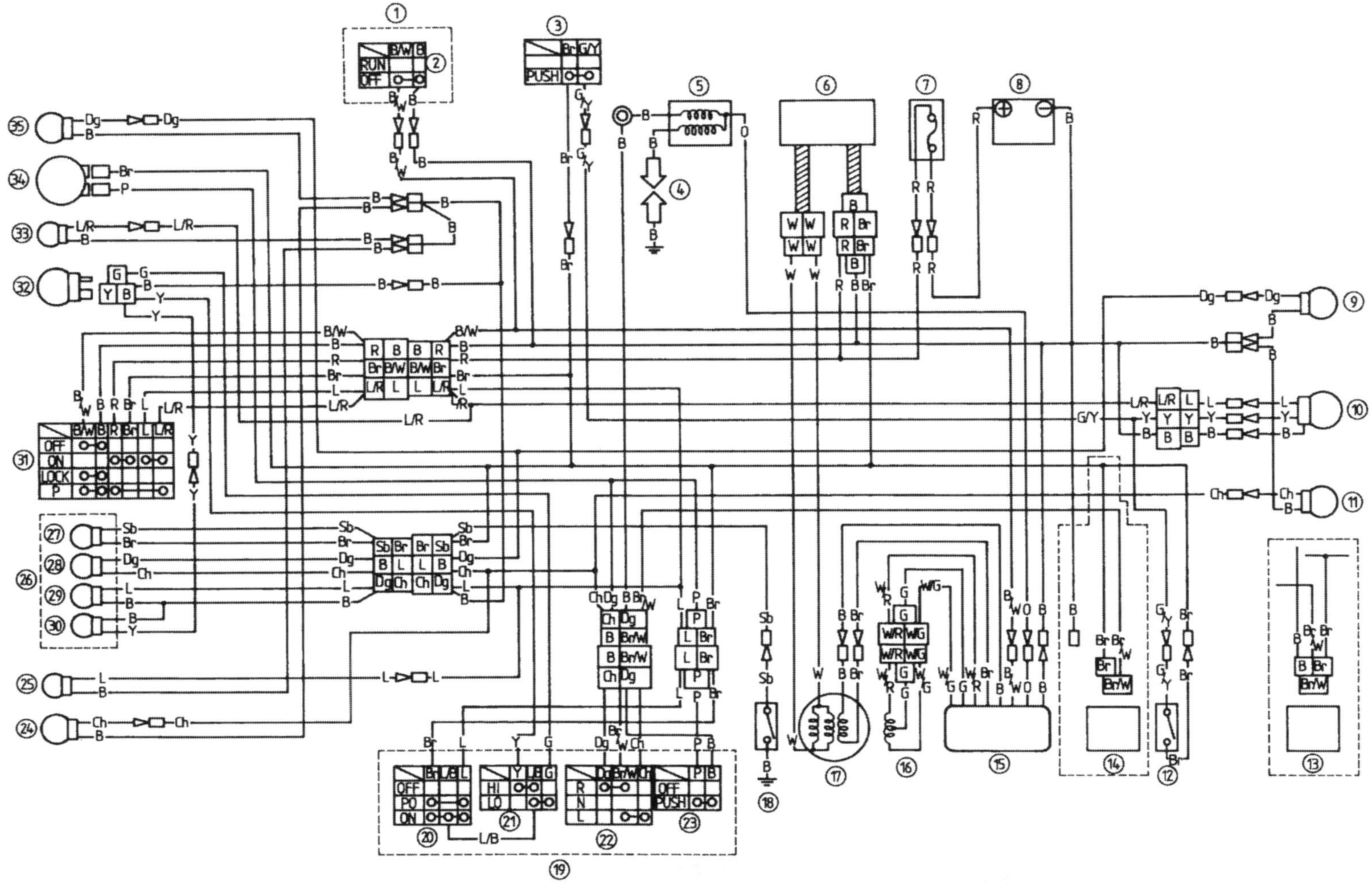

1 Lenkerschalter (Rechts)
2 Motorstoppschalter
3 Vorderrad-Bremslichtschalter
4 Zündkerze
5 Zündkerze
6 Gleichrichter/Spannungsregler
7 Sicherung
8 Batterie
9 Blinklicht hinten (Rechts)
10 Schluss/Bremslicht
11 Blinklicht hinten (Links)
12 Hinterrad-Bremslichtschalter
13 Blinkerrelais (Für Deutschland)
14 Blinkerrelais (Ausgenommen für Deutschland)
15 CDI-Einheit
16 Zündimpulsgeberspule
17 Drehstrom-Lichtmaschine
18 Leerlaufschalter
19 Lenkerschalter (Links)
20 Lichtschalter "LIGHTS"
21 Abblendlichtschalter "LIGHTS"
22 Blinkerschalter "TURN"
23 Hupenschalter "HORN"
24 Blinklicht vorn (Links)
25 Geschwindigkeitsmesser
26 Drehzahlmesser
27 Blinklicht-Anzeigeleuchte "TURN"
28 Leerlauf-Anzeigeleuchte "NEUTRAL"
29 Fernlicht-Anzeigeleuchte "HIGH BEAM"
30 Instrumenten-Kontrollampe
31 Hauptschalter
32 Scheinwerfer
33 Zusatzleuchte
34 Signalhorn
35 Blinklicht vorn (Rechts)

111

Schaltplan XT 600 ab Baujahr '87

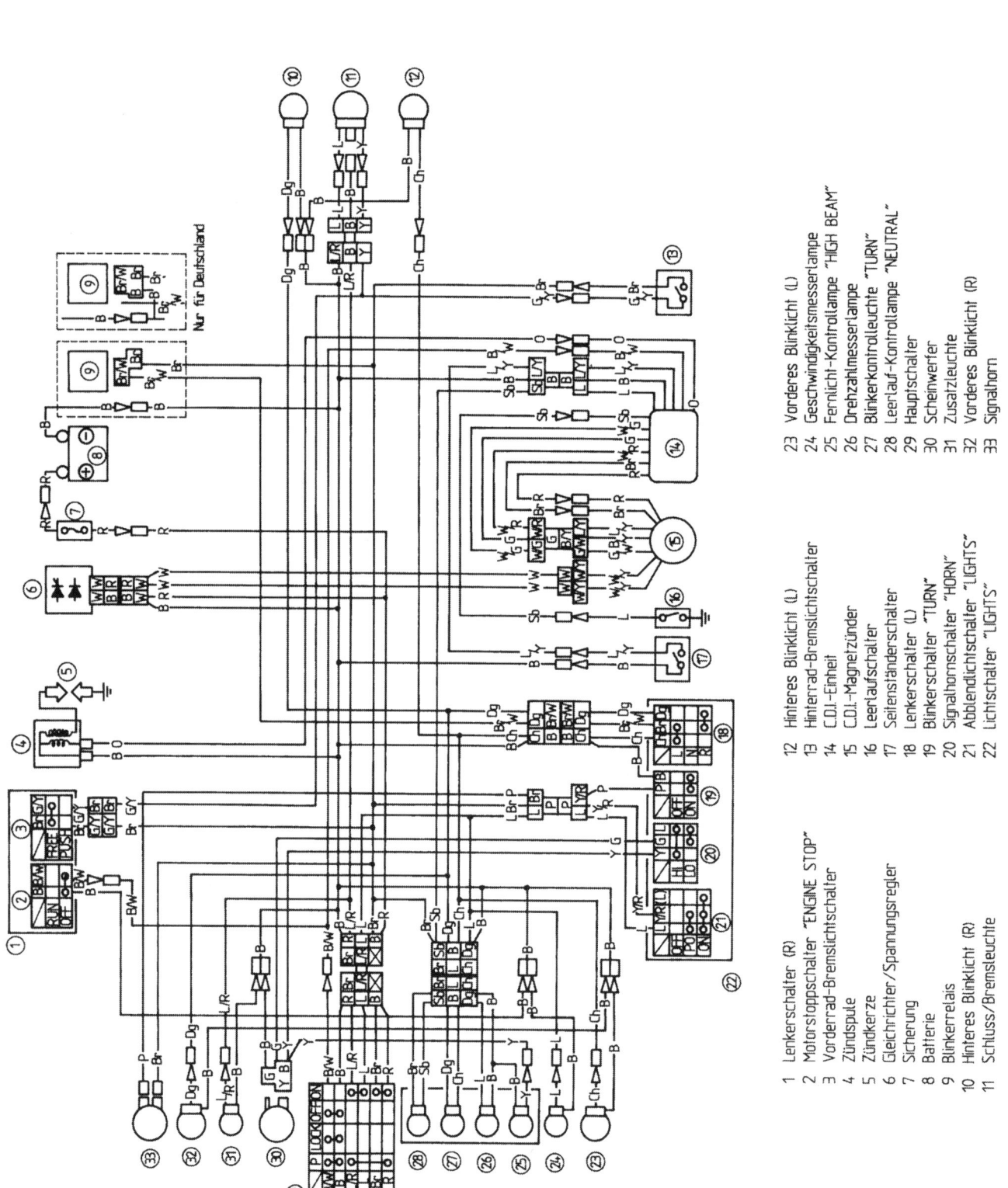

Kabelfarben:

Dg = Dunkelgrün
B = Schwarz
Br = Braun
P = Rosa
G = Grün
Y = Gelb
L = Blau
Sb = Himmelblau
Ch = Schockoladefarbig
O = Orange
W = Weiss
R = Rot
L/R = Blau/Rot
B/W = Schwarz/Weiss
Br/W = Braun/Weiss
G/Y = Grün/Gelb
L/B = Blau/Schwarz
W/R = Weiss/Rot
W/G = Weiss/Grün

1 Lenkerschalter (R)
2 Motorstoppschalter "ENGINE STOP"
3 Vorderrad-Bremslichtschalter
4 Zündspule
5 Zündkerze
6 Gleichrichter/Spannungsregler
7 Sicherung
8 Batterie
9 Blinkerrelais
10 Hinteres Blinklicht (R)
11 Schluss/Bremsleuchte
12 Hinteres Blinklicht (L)
13 Hinterrad-Bremslichtschalter
14 C.D.I.-Einheit
15 C.D.I.-Magnetzünder
16 Leerlaufschalter
17 Seitenständerschalter
18 Lenkerschalter (L)
19 Blinkerschalter "TURN"
20 Signalhornschalter "HORN"
21 Abblendlichtschalter "LIGHTS"
22 Lichtschalter "LIGHTS"
23 Vorderes Blinklicht (L)
24 Geschwindigkeitsmesserlampe
25 Fernlicht-Kontrollampe "HIGH BEAM"
26 Drehzahlmesserlampe
27 Blinkerkontrolleuchte "TURN"
28 Leerlauf-Kontrollampe "NEUTRAL"
29 Hauptschalter
30 Scheinwerfer
31 Zusatzleuchte
32 Vorderes Blinklicht (R)
33 Signalhorn

Nur für Deutschland

112

Schaltplan XT 600Z (U) TÉNÉRÉ ab Baujahr '88

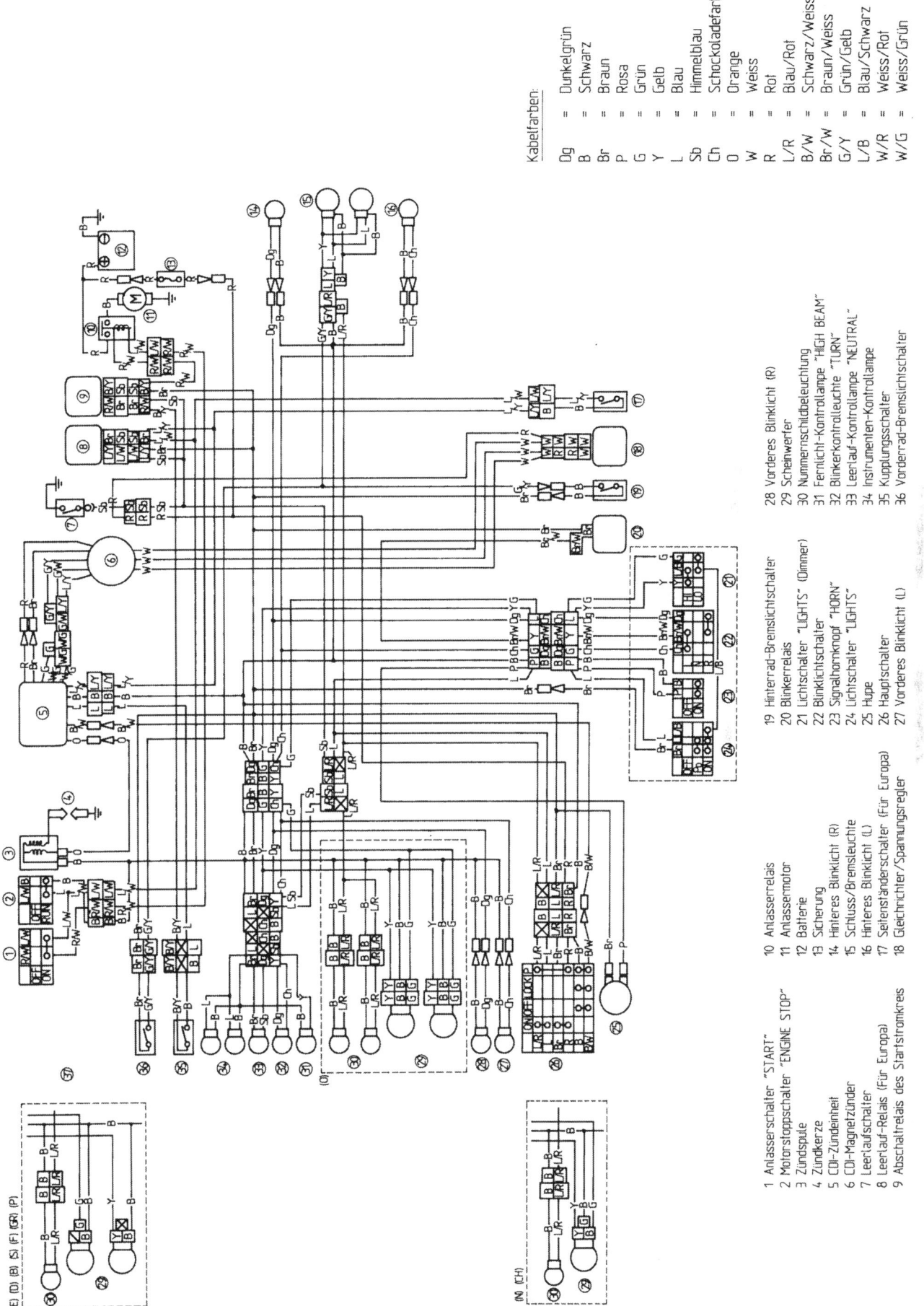

Kabelfarben:

Dg = Dunkelgrün
B = Schwarz
Br = Braun
P = Rosa
G = Grün
Y = Gelb
L = Blau
Sb = Himmelblau
Ch = Schokoladefarbig
O = Orange
W = Weiss
R = Rot
L/R = Blau/Rot
B/W = Schwarz/Weiss
Br/W = Braun/Weiss
G/Y = Grün/Gelb
L/B = Blau/Schwarz
W/R = Weiss/Rot
W/G = Weiss/Grün

1 Anlasserschalter "START"
2 Motorstoppschalter "ENGINE STOP"
3 Zündspule
4 Zündkerze
5 CDI-Zündeinheit
6 CDI-Magnetzünder
7 Leerlaufschalter
8 Leerlauf-Relais (Für Europa)
9 Abschaltrelais des Startstromkreis

10 Anlasserrelais
11 Anlassermotor
12 Batterie
13 Sicherung
14 Hinteres Blinklicht (R)
15 Schluss/Bremsleuchte
16 Hinteres Blinklicht (L)
17 Seitenständerschalter (Für Europa)
18 Gleichrichter/Spannungsregler

19 Hinterrad-Bremslichtschalter
20 Blinkerrelais
21 Lichtschalter "LIGHTS" (Dimmer)
22 Blinklichtschalter
23 Signalhornknopf "HORN"
24 Lichtschalter "LIGHTS"
25 Hupe
26 Hauptschalter
27 Vorderes Blinklicht (L)

28 Vorderes Blinklicht (R)
29 Scheinwerfer
30 Nummernschildbeleuchtung
31 Fernlicht-Kontrollleuchte "HIGH BEAM"
32 Blinkerkontrolleuchte "TURN"
33 Leerlauf-Kontrollampe "NEUTRAL"
34 Instrumenten-Kontrollampe
35 Kupplungsschalter
36 Vorderrad-Bremslichtschalter

113

Schaltplan XT 600Z TÉNÉRÉ (für Modell mit Seitenständerschalter) ab Baujahr '86 bis '87

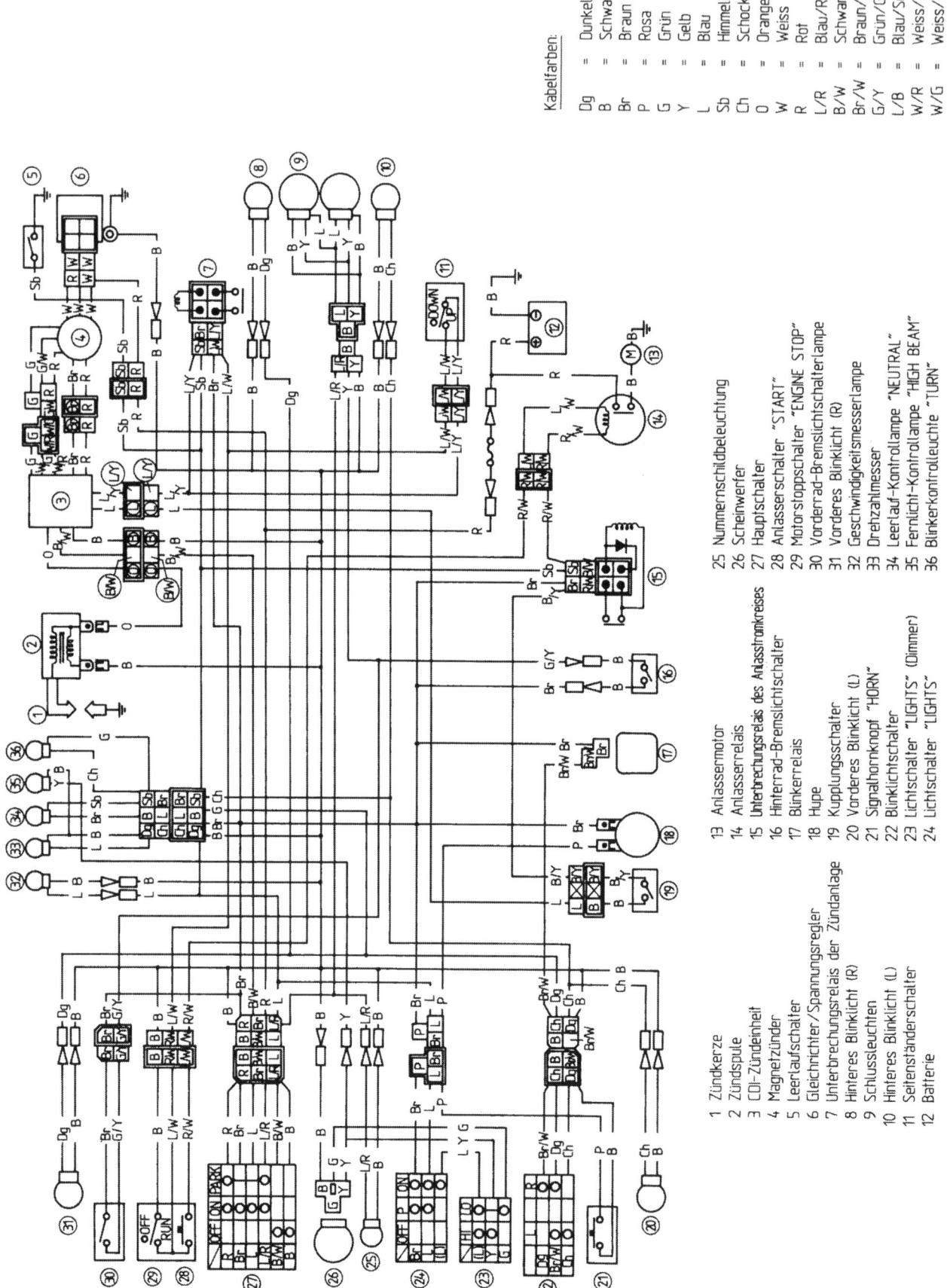

Kabelfarben:

Dg	=	Dunkelgrün
B	=	Schwarz
Br	=	Braun
P	=	Rosa
G	=	Grün
Y	=	Gelb
L	=	Blau
Sb	=	Himmelblau
Ch	=	Schockoladefarbig
O	=	Orange
W	=	Weiss
R	=	Rot
L/R	=	Blau/Rot
B/W	=	Schwarz/Weiss
Br/W	=	Braun/Weiss
G/Y	=	Grün/Gelb
L/B	=	Blau/Schwarz
W/R	=	Weiss/Rot
W/G	=	Weiss/Grün

1   Zündkerze
2   Zündspule
3   CDI-Zündeinheit
4   Magnetzünder
5   Leerlaufschalter
6   Gleichrichter/Spannungsregler
7   Unterbrechungsrelais der Zündanlage
8   Hinteres Blinklicht (R)
9   Hinteres Blinklicht (L)
10 Hinteres Blinklicht (L)
11 Seitenständerschalter
12 Batterie
13 Anlassermotor
14 Anlasserrelais
15 Unterbrechungsrelais des Anlassstromkreises
16 Hinterrad-Bremslichtschalter
17 Blinkerrelais
18 Hupe
19 Kupplungsschalter
20 Vorderes Blinklicht (L)
21 Signalhornknopf "HORN"
22 Blinklichtschalter
23 Lichtschalter "LIGHTS" (Dimmer)
24 Lichtschalter "LIGHTS"
25 Nummernschildbeleuchtung
26 Scheinwerfer
27 Hauptschalter
28 Anlasserschalter "START"
29 Motorstoppschalter "ENGINE STOP"
30 Vorderad-Bremslichtschalterlampe
31 Vorderes Blinklicht (R)
32 Geschwindigkeitsmesserlampe
33 Drehzahlmesser
34 Leerlauf-Kontrollampe "NEUTRAL"
35 Fernlicht-Kontrollampe "HIGH BEAM"
36 Blinkerkontrolleuchte "TURN"

Zeitfracht Medien GmbH
Ferdinand-Jühlke-Straße 7
99095 Erfurt, Deutschland
produktsicherheit@kolibri360.de

Druck:
CPI Druckdienstleistungen GmbH
im Auftrag der
Zeitfracht Medien GmbH
Ein Unternehmen der Zeitfracht - Gruppe
Ferdinand-Jühlke-Str. 7
99095 Erfurt